Pflanzen geflüster

Wolfsmilch

ulmer

Jean-Michel Groult

Pflanzen geflüster

Zeigerpflanzen als Schlüssel für einen gesunden Garten

INHALT

KAPITEL 4

KENNE DEINEN BODEN — 74

KAPITEL 5

TOPOGRAFIE UND KLEINKLIMA DES GARTENS — 88

KAPITEL 6

KORRIGIERENDE EINGRIFFE UND IHRE EFFEKTE — 108

DER GARTEN, DAS UNBEKANNTE WESEN

Wussten Sie, dass Sie Ihren Garten gar nicht so gut kennen? Sie sind vielleicht unzählige Male darin umhergelaufen und haben den Eindruck, Sie haben jedes Detail wahrgenommen. Aber glauben Sie mir: Es entgeht Ihnen immer etwas. Denn ein Garten ist viel mehr als nur ein Stück Land! Es ist absolut nötig, ihn völlig zu verstehen, um umfänglich davon zu profitieren.

SCHLUSS MIT DER HOLZHAMMER-METHODE!

Um den eigenen Garten, egal welcher Größe und ungeachtet der Anbaumethode, bestmöglich zu nutzen, hilft eine gute Diagnostik, um Fehler zu vermeiden. Sicher, Fehler passieren jedem Gärtner. Aber häufiger als man annehmen würde liegt das daran, dass man Vorgehensweisen anwendet, die für die Situation oder den Ort ungeeignet sind.

Gestern bedeutete ein Garten, dass man gegen die Kräfte der Natur kämpfte, sich ihnen entgegenstellte. Manche nannten das die „Holzhammer-Methode" und die Vorgehensweise war klar: Pestizideinsatz. Mit der Hinwendung zu chemiefreiem Gartenbau, dann biologischem und schließlich der Permakultur und künftig zweifellos einem noch respektvolleren Umgang, sind Pestizideinsätze glücklicherweise vorbei. Die Fehler von gestern machen wir nicht mehr, aber wir bemühen uns auch, die Fehler von heute zu vermeiden, z. B. Pflanzen zu setzen, die nicht an die Situation angepasst sind. Manchmal wird diese Strategie als Judo-Strategie bezeichnet, weil sie die Kraft des Anderen nutzt, um ans Ziel zu kommen. Auf dem Papier eine elegante Lösung, aber in der Umsetzung bedeutet das, schlechte Initiativen zu meiden. Wenn man nun alle Fehler vermeiden kann und, besser noch, sogar Zeit gewinnen und wirkungsvoller handeln kann, dann wird Gärtnern zur Bereicherung.

Wenn man den Garten „liest" und dabei seine grundlegenden Charakteristiken versteht, vereinfacht sich die Gartenpflege und die Pflanzungen haben mehr Erfolgschancen.

Ein naturnaher Garten wie hier wird noch autonomer, wenn Sie interpretieren, was die Zeigerpflanzen über den Ort aussagen.

EIN ECHTES ÖKOSYSTEM

Die aktuelle Gartenpraxis nutzt die Kraft der Natur. Das gilt besonders für die Permakultur, die sich als Ausgangspunkt auf eine genaue Diagnose stützt, aber eigentlich gilt das für alle Ansätze, ob Permakultur oder nicht. Der richtige Ansatz ist einfach: Man stellt seine Wünsche auf, macht eine Diagnose des Gartens und versucht, beides auf die natürlichste und einfachste Art und Weise miteinander zu verbinden. Das läuft nicht immer von selbst und man sollte die Umgebung gut erkunden, bevor man sich in ein so großes Unternehmen stürzt. Wenn man eine Diagnose des eigenen Gartens erstellt, darf man nicht nur einen kurzen Blick darauf werfen. Der Garten ist ein Ökosystem und Sie müssen nur die zum Glück nicht so geheimen Hinweise entdecken. Ein Ökosystem ist eine Ansammlung von Lebewesen, die auf komplexe Weise miteinander interagieren, aber ein Ganzes bilden. Genau das passiert auch im Garten, selbst wenn das betreffende Ökosystem über den Zaun hinausreicht. Es erfordert ein wenig Anstrengung, um dieses Ökosystem zu entschlüsseln. Man muss beobachten, messen und nachdenken, um es zu verstehen. Zugegeben, es ist eine umfassende Tätigkeit. Aber eine spannende! Denn eine gute Diagnose bedeutet auch eine schöne Lektion in Biologie und Geologie. Sie werden vor allem das Vorhandensein von Pflanzen entdecken, von denen Sie bisher nichts wussten, ganz zu schweigen von Dingen, die Sie ganz nebenbei auch noch beobachten, wie Pilze und kleine Tiere. Wenn Sie diese Hinweise entschlüsseln, wird Ihnen Ihre Erde von selbst zeigen, wie Sie sie aufwerten und lebendiger und produktiver machen können.

NEULING ODER PERFEKTIONIST

Egal ob Sie Anfänger oder erfahrener Gärtner sind, Sie werden immer von einer guten Gartendiagnose profitieren, die mit einer Bestandsaufnahme der vor Ort natürlich wachsenden Pflanzen beginnt: den Indikatorpflanzen. Denken Sie nicht, dass dies sich in einem Garten, den Sie seit Jahrzehnten pflegen, oder bei einem sehr kleinen Grundstück nicht lohnen würde. In diesem Buch werden Sie sehen, dass sich manche Vorgänge in Größenordnungen abspielen, die für uns winzig wirken, für die Pflanze aber gigantisch sind. Eine Diagnose durchzuführen bedeutet, ein Potenzial zu erkennen, Kräfte aufzuspüren, die die Natur uns bietet. Ein guter Gärtner ist wie ein guter Chef: Er spürt die Stärken jedes Einzelnen auf und bringt sie zur Geltung. Der schlechte Gärtner ist wie ein schlechter Chef: Er zwängt alles in Schubladen, die er selbst gezimmert hat, und lässt nicht davon ab. Im ersten Fall ist der Garten widerstandsfähig, denn im Falle eines großen Problems (z. B. einer außergewöhnlichen Wetterlage) wissen Sie, wie der Garten reagieren und wie er sich erholen wird. Im zweiten Fall, dem des schlechten Chefs, der ungeachtet des Kontexts schon alles entschieden hat, erleben Sie böse Überraschungen!
Ein letztes Wort zur Diagnose: Sie lohnt sich für alle Arten von Gärten und für alle Projekte. Egal ob Sie einen Zier- oder einen Nutzgarten planen, ob Sie einen kleinen Garten haben oder sich an einem Großprojekt beteiligen, Sie brauchen eine gute Diagnose. Die Vorgehensweise gleicht sich in allen Fällen, aber natürlich lohnt es sich umso mehr, ins Detail zu gehen, je größer das Projekt ist. Also ran an die Lupe!

Das massenhafte Auftreten von Pflanzen hat eine ganz besondere Bedeutung: Schildfarn (links), die Saat-Siegwurz (Mitte) und die Ochsenzunge (rechts) haben ihre ganz eigenen, charakteristischen Ansprüche.

KAPITEL 1

SCHRITTE ZUR DIAGNOSE

Man muss methodisch vorgehen, um sich mit einem Grundstück vertraut zu machen, das man bearbeiten möchte, oder um einen schon bekannten Garten eingehender zu entschlüsseln. Denn von all den Informationen, die sich sammeln lassen, sind einige wichtiger als andere. Und das hängt auch davon ab, was Sie mit Ihrem Grundstück machen möchten. Es gibt also viel zu entdecken. Sortieren Sie, machen Sie die verfügbaren Informationen ausfindig und planen Sie die Sammlung der noch fehlenden Informationen. All dies erfordert eine Organisation, damit Sie „die Natur lesen" lernen.

Womit beginnt man?

Die Entdeckung oder Wiederentdeckung des eigenen Gartens ist ein umfassendes Programm. Wenn Sie sich nicht ein bisschen organisieren, werden Ihnen wichtige Informationen entgehen. Und vor allem laufen Sie Gefahr, sich zwischen all dem, was man entschlüsseln kann, und dem, was Sie wirklich brauchen, zu verlieren.

PRIORITÄTEN ERKENNEN

Zunächst einmal ist es am wichtigsten, dass Sie die Hauptmerkmale Ihres Bodens kennen. Es ist unmöglich, mit Pflanzprojekten zu beginnen, wenn Sie nicht ein Minimum an Kenntnissen über alle Bodeneigenschaften haben. Und selbst das reicht nicht. Denn unterschiedliche Bedingungen führen bei ein und demselben Boden zu sehr unterschiedlichen Ergebnissen. Sie müssen also quasi gleichzeitig die großen Phänomene bestimmen, die in Ihrem Garten wirken. Da wird es kompliziert. Diese Phänomene sind nicht auf den ersten Blick zu erkennen, da es sich um langwierige und daher wenig spektakuläre Prozesse handelt. Eine Auswaschung von Kalk in tiefere Bodenschichten z. B. zieht sich über Jahrzehnte hin. Die Analyse Ihres Bodens kann Ihnen Verdachtsmomente liefern, aber die Untersuchung der Vegetation verrät Ihnen am meisten. Auf diese Weise können Sie die besten Standorte für eine Kultur bestimmen oder feststellen, dass sich Ihr Land besonders gut für eine Anlage oder eine Kultur eignet, an die Sie vielleicht noch gar nicht gedacht haben. Diese Parameter stehen wirklich

Arbeiten Sie die Beobachtungskategorien ab, notieren Sie Ihre Beobachtungen für jeden Teil des Gartens und achten Sie auf die Unterschiede.

Die Neuanlage eines Gemüsegartens oder eines Beetes sollte nicht wahllos erfolgen, sondern in ausgezeichneter Kenntnis des Ortes.

Die Wurzeln von Pflanzen geben ebenfalls Hinweise auf die Bodenstruktur (hier: tiefgründiger, lockerer Boden).

im Vordergrund. Je mehr Sie in diese Detektivarbeit investieren, desto erfolgreicher werden Sie im Garten sein und dabei den erforderlichen Aufwand weitestgehend begrenzen. Es lohnt sich also, ein wenig zu forschen!

VORGEHENSWEISE

Legen Sie ein Beobachtungstagebuch an, entweder in Form eines Notizbuches oder auf Ihrem Computer. Dies ist die einfachste Möglichkeit, Ihre Daten und Anmerkungen an einer Stelle gesammelt festzuhalten. Das Notizbuch ist wahrscheinlich am einfachsten, weil es immer griffbereit ist. Bei einem großen Grundstück legen Sie einige Bereiche fest, z. B. drei, die Sie eingehend betrachten. Dies lohnt sich vor allem bei abschüssigem Gelände. Alternativ können Sie auch die Rubriken Temperatur, Regen und Feuchtigkeit, Erde usw. untersuchen. Wenn der Garten weniger als 800 m² groß ist, reicht das völlig aus.

ERSTAUSRÜSTUNG

Wenn man verstehen möchte, wie ein Terrain funktioniert, das man gerade erst übernommen hat, ist die Versuchung groß, sofort in Technologie zu investieren. Hüten Sie sich davor, zu viel und zu schnell Geld auszugeben. Lassen Sie sich etwas Zeit, tasten Sie sich an die Umgebung heran und machen Sie sich ein Bild, bevor Sie die Ausrüstung kaufen. Beobachten Sie die Vegetation, die Ihnen viel verraten wird. Das ist, wie wir gleich sehen werden, die Kunst bei der Verwendung von Zeigerpflanzen, aber auch von anderen biologischen Indikatoren (Pilze usw.). Erst das Gesamtbild verschafft Ihnen einen Überblick, „the big picture", wie die Briten sagen.

Bestandsaufnahme

Ob Sie nun das Ziel haben, eine neue Bepflanzung anzulegen oder einen bestehenden Garten zu verbessern, bei der Diagnose geht es immer um eine Art Bestandsaufnahme, sozusagen die Zustandsbeschreibung des Ortes. Das ist wichtig, vor allem für die biologischen Indikatoren.

RUNDGANG

Wenn man einen Garten oder ein Grundstück übernimmt, sind oft schon viele Dinge vorhanden. Es spielt keine Rolle, ob sie Ihnen gefallen oder nicht, ob Sie vorhaben, sie zu behalten oder nicht. Allein deren Anwesenheit hat einen Einfluss. Nehmen Sie z. B. einen alten Brombeerstrauch. Seine Existenz wirkt sich auf viel mehr Faktoren aus, als Sie vielleicht denken:

- Licht, weil er an seinem Fuß einen dunklen Schattenbereich schafft;
- Boden, weil er Streu bildet und eine gewisse biologische Aktivität anregt;
- Artenvielfalt, weil er Vögeln und anderen Tieren als Nistplatz dient;
- Temperatur, weil er den Boden wärmt;
- Trockenheit, die er durch das Bedecken des Bodens verringert.

Möchten Sie den Brombeerstrauch ausreißen, so werden Sie die Bedingungen, die er geschaffen hat, deutlich verändern. Nur die Ansammlung von Streu, die oftmals einen guten Boden unter einem Brombeerstrauch ergibt, wird noch einige Jahre vorhalten. Die Brombeeren neigen jedoch dazu, wiederzukommen, so dass ihr Wuchs eingeschränkt werden muss.

VERBORGENE HINWEISE

Was für einen einfachen Brombeerstrauch gilt, gilt auch für alles andere, was man in einem Garten finden kann. Wenn Sie einen über lange Zeit hinweg bewirtschafteten Garten übernehmen, finden Sie vielleicht auch alte Anlagen. Sie wurden nicht zufällig platziert. Das gilt besonders für die Wasserspeicher wie Teiche, die man dort anlegte, wo sich üblicherweise das gesamte Wasser der Fläche sammelte. Oder der Ort, an dem das alte Thermometer seit Jahren unbenutzt vor sich hin dümpelt. Normalerweise stellten die Gärtner es an der kältesten Stelle auf, um die niedrigste Temperatur des Bodens zu ermitteln. Diese Elemente liefern Ihnen wertvolle Hinweise.

SPUREN DOKUMENTIEREN

Wenn Sie beispielsweise einen Neubau planen, ist es hilfreich, einen Überblick darüber zu behalten, was vorher war. Vor allem, wenn es sich um Pflanzen handelt, die von selbst gewachsen sind und verschwinden werden. Es geht nicht darum, dass Sie ein Naturalienkabinett eröffnen. Aber bewahren Sie getrocknete Proben in Zeitungspapier auf und machen Sie Fotos, sowohl Nahaufnahmen als auch von der Ferne (die Auflösung eines guten Handys genügt).

Längst aus den Beeten entwischte Blümchen können ein Indikator sein (hier Vergissmeinnicht, das einen verarmten und ausgelaugten Boden verrät).

Hecken haben einen enormen Einfluss auf das örtliche Kleinklima, und zwar auf beiden Seiten. Mehr noch, wenn sie hoch und breit sind.

Lästige Mieter

In einem Garten gibt es manchmal echte Problemfälle, wie z. B. den Japanischen Staudenknöterich oder andere sehr hartnäckig wuchernde Pflanzen. Wenn es um den Preis einer Immobilie geht, spielen solche Überlegungen natürlich keine Rolle (in Großbritannien ist das ganz anders, dort senkt der Japanische Staudenknöterich den Preis um etwa 20 000 €!). Eschensämlinge, die zu richtigen Bäumen herangewachsen sind, Efeu, der außer Kontrolle geraten ist, und Bambus, der den gesamten Raum verschlingt, sind allesamt Pflanzen, die Probleme bereiten. Sie müssen mit diesem unfreiwilligen Erbe zurechtkommen. Verlieren Sie keine Minute und beginnen Sie den Kampf, um sie loszuwerden, denn es wird Jahre dauern.

Beobachtungen

Bei Ihrer Diagnose werden Sie unweigerlich Maßnahmen und Beobachtungen in mehr oder weniger regelmäßigen Abständen durchführen. Das sollte ein wenig organisiert sein, auch wenn Sie mit der Zeit mehr und mehr auf Ihre Intuition vertrauen werden. Verlieren Sie aber nicht die Methode aus den Augen!

WANN FÄNGT MAN AN?

Gleich heute, wenn Sie möchten. Wenn Sie die Botschaften der Pflanzen (siehe S. 28) und anderer biologischer Indikatoren lesen möchten, sollten Sie dies am besten zwischen Mai und Oktober tun, aber auch den Rest des Jahres über. Sie werden nicht alles zu einer bestimmten Jahreszeit sehen können. Manche Parameter lassen sich zu jeder Zeit beobachten, z. B. Temperaturunterschiede zwischen einer Stelle im Garten und einer anderen oder der Boden usw. Bestimmte Jahreszeiten eignen sich jedoch besser für bestimmte Beobachtungen. Der Winter ist gut, um sich der Bodenbeschaffenheit zu widmen, während die Temperaturen im Garten zu Beginn des Frühlings die stärksten Unterschiede zeigen.

Der erste Frost ist ein gutes Hilfsmittel, um die kältesten Ecken zu entdecken.

WIE BEOBACHTET MAN?

Nicht alles lässt sich durch eine einzige Methode erfassen. Für jeden Parameter gibt es ein eigenes Werkzeug, auch wenn das wichtigste aller Instrumente Ihr Auge ist! Planen Sie für jeden Parameter eine eigene Methode: Zählen Sie die Anzahl der verschiedenen Pflanzen und ihre relative Häufigkeit, messen Sie jeden Morgen (z. B. vor der Arbeit) die Temperatur, inspizieren Sie jede Woche die schattigsten Bereiche des Gartens auf Pilzbefall usw. Je mehr Sie diese Beobachtungen in eine Art (nur vorübergehende) Routine einbauen, desto exakter werden Ihre Beobachtungen, insbesondere diejenigen, die auf ein Messinstrument angewiesen sind.

IN WELCHEM ZEITRAUM?

Ein ganzes Jahr ist zweifellos das Minimum. Das liegt daran, dass kleinräumige Phänomene nicht unbedingt das ganze Jahr über auftreten, sondern manchmal nur für ein paar Wochen erkennbar sind, wie z. B. die Stelle, die sich im Frühling schneller erwärmt als der Rest und daher gut geeignet ist, um dort die Aussaat zu starten. Oder eine im Sommer kühle Ecke, die im Winter jedoch ein wahrer Eisschrank mit für Sie unerwarteten Minus-Temperaturen ist. Und es gibt eine in Physikerkreisen gut bekannte Tatsache: Je unauffälliger ein Phänomen ist, desto länger muss es untersucht werden, um es aufzuspüren und zu verstehen. Dies gilt insbesondere für seltenere, aber sehr aussagekräftige Zeigerpflanzen oder auch für die Temperaturen. Ihnen werden in einem Untersuchungszeitraum von weniger als einem Jahr sicherlich wertvolle Informationen entgehen. Bei zwei Jahren werden Sie Trends sicher identifizieren, denn bei einem einzigen Jahr kann es zu unwägbaren Ausreißern kommen.

Auf der Suche nach den „Premiumplätzen“

Die Premiumplätze im Garten sind die besten Plätze, die Ihr Grundstück in Bezug auf eine bestimmte Kultur bietet. Der Premiumplatz für eine Kultur (z. B. Tomaten) wird nicht derselbe sein wie für eine andere (z. B. Hortensien, die ganz andere Ansprüche haben). Wenn Sie eine Leidenschaft für eine bestimmte Kultur hegen, lohnt es sich, nach den besten Standorten dafür zu suchen, um Ihrer Passion freien Lauf zu lassen. Erinnern wir uns daran, dass man eine Pflanze aufgrund der Bedingungen pflanzt, die man ihr bieten kann, und nicht umgekehrt. Es gibt nichts Schlimmeres, als sich im Gartencenter in eine Topfpflanze zu verlieben und dann im Garten auf der verzweifelten Suche nach einem geeigneten Standort im Kreis zu laufen. Eine schnelle Untersuchung Ihres Gartens sollte Ihnen also zeigen, ob er für Ihre Lieblingskultur geeignet ist. Und nur wenn die Antwort positiv ausfällt, können Sie nach den Premiumstandorten Ausschau halten.

Nützliche Auskünfte

Bei kurzen Gesprächen und Spaziergängen können Sie eine Fülle von Informationen und Hinweisen sammeln. Auch dies wird Ihnen zwar nicht alles über Ihren Garten verraten, aber Sie werden ein wenig mehr darüber erfahren, worauf Sie genauer achten sollten.

FRAGEN SIE DIE SENIOREN

Ältere Gärtner sind wahre Enzyklopädien. Schon beim Bestimmen von Pflanzen können sie Ihnen helfen, was Ihnen viel Zeit erspart. Sie werden auch stark davon profitieren, wenn Sie den Erzählungen und Erfahrungsberichten zuhören. Vielleicht glauben Sie, dass einige Gärtner übertreiben. Aus eigener Erfahrung kann ich Ihnen sagen, dass ich das nie festgestellt habe. Ältere Gärtner haben eine lebhafte Erinnerung an die Wetterepisoden, die sie intensiv erlebt haben und die ihnen in jenem Moment echte Schwierigkeiten bereitet haben (wie es auch bei Ihnen künftig der Fall sein wird!). Außerdem bewahren ältere Gärtner die Erinnerung daran, was geschah, bevor die globale Erwärmung im Alltag spürbar wurde. Besuchen Sie sie also mit ihrem Notizbuch in der Hand, um die Früchte ihrer Erfahrung zu ernten, mit denen sie nie geizen. Ein Garten ist wie Esperanto, eine gute Möglichkeit, um Kontakte zu knüpfen! Es wäre zudem erstaunlich, wenn Sie nicht auch noch einen wertvollen Bonus dazu bekämen: Informationen über die Sorten, die in der Umgebung am besten gedeihen, oder sogar Samen oder Stecklinge dieser lokalen Gewächse.

SCHAUEN SIE SICH IN DER UMGEBUNG UM

Ein einfacher Spaziergang in der Umgebung wird Ihnen wertvolle Informationen liefern, vor allem nach einem außergewöhnlichen Ereignis (Frost, Sturm, Hitzewelle, Überschwemmung, Spätfrost ...). Sie werden sehen, welche Pflanzen gelitten haben und welche nicht, aber auch, wie sich das Phänomen lokal verschlimmert oder abgeschwächt haben könnte. Sie werden auch entdecken, wo sich ein Wetterphänomen leichter feststellen lässt, z. B. Stellen, wo der Schnee noch nicht geschmolzen ist, obwohl es in der Gegend schon wärmer geworden ist, oder wenn die Trockenheit dort noch andauert, obwohl es ein wenig geregnet hat. Das schärft Ihren Blick, um das Phänomen in kleinerem Maßstab bei Ihnen zu Hause besser untersuchen zu können.

Die Stellen, an denen der Schnee zuletzt schmilzt (oben), weisen auf günstigere Ecken hin. Bei starkem Regen halten Sie nach kurzlebigen Pfützen Ausschau (unten).

Achtung, verborgene Umweltbelastungen!

Das ist für die meisten Gärtner eine Überraschung: Viele unserer Gemüsegärten sind verschmutzt*. Je älter die bewirtschaftete Parzelle, desto größer ist das Risiko der Umweltverschmutzung. Gartenerde enthält im Durchschnitt doppelt so viele Schwermetalle wie landwirtschaftliche Böden. Manche Gärten können sogar einen Verschmutzungsgrad erreichen, der dem einiger alter Industriestandorte gleichkommt.

VERGESSENE ALTLASTEN

Woher rühren die Verschmutzungen? Nun, alles begann mit vormals üblichen Praktiken, die seinerzeit harmlos erschienen. Man brachte die Asche von Kohlen und Brikett im Garten aus, Klärschlamm wurde auf späterem Bauland verteilt, Quecksilber (das heute verboten ist) trat beim Zerbrechen von Thermometern aus, umweltschädliche Stoffe (wie arsen- und bromsalzhaltige Pestizide) wurden verwendet und manche Materialien wurden in der Erde entsorgt, insbesondere Legierungen. Es fehlte nicht an vielen kleinen Gelegenheiten, den Garten zu verschmutzen, und auch wenn sie seltener geworden sind, sind sie heute nicht ganz verschwunden. Dies kann auf vielerlei Weisen geschehen: durch die Verwendung von Farben, Dekorationsartikeln (besonders aus Ländern mit niedrigen Umweltstandards), das unglückliche Recycling von umweltschädlichen Gegenständen (Metallbehälter oder Objekte mit altem Anstrich aus bleihaltiger Farbe) usw. Insbesondere Dachmetalle sind Nester für Schwermetalle. Denn „gewöhnliches" Zink ist in Wirklichkeit eine Legierung, die zahlreiche Schwermetalle wie Blei, Cadmium, Zinn usw. enthält.

Auch die Umwelt spielt eine Rolle: Die Luftverschmutzung durch den Verkehr entlang von Verkehrswegen findet sich im Garten wieder, ebenso wie die Abgase alter Fabriken. Selbst die Nähe zu einer elektrischen Bahnlinie kann die Umwelt verschmutzen, da sie Kupfer in mehreren Dutzend Metern Entfernung beiderseits der Gleise in den Boden abgibt. Dies sind alles Faktoren, die zu den oben genannten hinzukommen. Öle von Maschinen sind zudem wahre „Schwermetallfallen" und Altöl, das stark mit schädlichen Substanzen belastet ist, muss mit größter Sorgfalt behandelt werden.

* Zu diesem erstaunlichen Ergebnis kam eine Studie, die von Prof. Christophe Schwartz von der Universität Lothringen durchgeführt wurde.

Alte Gießkannen und Waschzuber sind zwar nett, aber vollgestopft mit Schwermetallen!

UNSICHTBAR, ABER REAL

Es ist schwierig herauszufinden, ob und wie stark der Boden in einem Garten belastet ist. Die Analyse auf Spuren von Schadstoffen im Boden ist sehr teuer (bis zu mehreren Tausend Euro). Sie muss von einem Speziallabor durchgeführt werden, das nicht nach Schadstoffen allgemein, sondern nur nach bestimmten Schadstoffen suchen kann. Das bedeutet, ein Gärtner kann es sich nicht leisten. Im Zweifelsfall kann es hilfreich sein, einen Gründünger anzubauen, der nicht eingegraben, sondern geschnitten und vernichtet wird. Die Entgiftung eines Bodens ist in jedem Fall ein Kraftakt. Eine Entgiftung durch Pflanzen ist theoretisch möglich, aber ohne genaue Messungen kann man nicht sagen, wie wirkungsvoll sie ist.

Was macht man bei starkem Verdacht auf Umweltverschmutzung?

Am sichersten ist es, einen Gemüsegarten in erhöhten Beeten anzulegen, mit Brettern, die das Niveau um mindestens 20 cm anheben. Bis Sie für eine vollständige Analyse gespart haben! Und befolgen Sie den Rat von Professor Schwartz: Achten Sie sorgfältig darauf, was Sie selbst in den Garten einbringen (einschließlich Farben und Metallteilen), und leiten Sie das Wasser nicht von irgendwoher herbei.

KAPITEL 2

INDIKATOR-PFLANZEN

Die offensichtlichsten Hinweise, die Sie auf Ihrem Grundstück sammeln können, sind natürlich in den Pflanzen zu finden. Abgesehen von den absichtlich gesetzten Exemplaren wächst nämlich keine Pflanze ganz zufällig einfach so irgendwo, da jede Art ihre Vorlieben hat. Diese Vorlieben zu verstehen und daraus Rückschlüsse auf die Qualität des Bodens und des Ortes zu ziehen, ist keine leichte Kunst und zweifellos auch keine exakte Wissenschaft. Es ist jedoch eine spannende und lehrreiche Übung!

Was macht Pflanzen zu guten Indikatoren?

Alle Pflanzen haben ihre Vorlieben, die manchmal sehr spezifisch sind. Und der Ort, an dem sie sich befinden, bietet ihnen mehr oder weniger Möglichkeiten, wobei einige begünstigt werden und andere nicht. Ein einfacher, aber wirkungsvoller Mechanismus.

KEIMUNG JE NACH STANDORT

Auch wenn Pflanzen auf den ersten Blick die gleichen Grundbedürfnisse (Wasser, Licht, Nährstoffe) teilen, hat jede Art subtile Vorlieben. Meist bestimmt der Zufall, wo die Samen hinfallen, und so finden sich die Samen unter mehr oder weniger günstigen Bedingungen wieder. Es schlummern Hunderte von Samen in einer Handvoll Erde, bereit aufzuwachen. Viele werden keinerlei Pflanze hervorbringen, andere werden erfolgreich zu Pflanzen heranwachsen, die sich für lange Zeit etablieren. Der Unterschied zwischen den einen und den anderen hängt mit den Bedingungen des Standortes zusammen.

Es gibt mehr oder weniger anspruchsvolle Pflanzen. Allerwelts-Unkräuter, also Pflanzen, die überall zu finden sind, sind am wenigsten anspruchsvoll. Feinstrahl (*Erigeron*) ist eines der besten Beispiele dafür, da er auf allen Bodentypen und in allen Lagen zu finden ist. Andere Pflanzen haben eng umrissene Ansprüche, die Sie nicht überall finden werden. Dies ist z. B. der Fall bei der Gewöhnlichen Knoblauchsrauke (*Alliaria petiolata*), die weder Sonne noch Böden mit wenig organischem Material oder zu trockene Standorte mag. Diese beiden Beispiele sind sehr ausgeprägt. Zwischen beiden Extremen gibt es unendlich viele Nuancen und Feinheiten. Sicher ist jedoch, dass

Weil der Lebensraum gestört ist, können sich einige invasive Pflanzen dort gut ansiedeln. Solche Pflanzen sind jedoch nur unter bestimmten Bedingungen konkurrenzfähig und eignen sich daher gut als Indikatorpflanzen. Hier ist der Japanische Staudenknöterich zu sehen, der typisch für frische Böden mit hohem Anteil an organischer Substanz ist.

Die Gewöhnliche Knoblauchsrauke (*Alliaria petiolata*) ist eine einjährige Pflanze, die auf Böden mit hohem Anteil an organischen Stoffen und im Schatten oder Halbschatten gedeiht.

Der Feinstrahl (*Erigeron*, hier *E. bonariensis*) gehört zu den am wenigsten anspruchsvollen Pflanzen, die sich an erstaunlich vielfältigen Standorten ansiedeln können. Also eher schlechte Zeigerpflanzen.

Pflanzen an einem bestimmten Standort nicht chancengleich gedeihen.
Mit anderen Worten, der Ort macht die Flora und nicht umgekehrt. Allein die örtlichen Bedingungen bestimmen also, welche Pflanzen dort gut gedeihen. Analysiert man die Vorlieben der Pflanzen, die an diesem Ort wachsen, lassen sich mehr oder weniger stark ausgeprägte Trends erkennen. Sie sollten immer daran denken, dass die meisten Pflanzen und sogar das Unkraut, das Ihnen banal erscheint, nicht in der Lage sind, sich anzupassen. Anpassung ist ein langwieriger Prozess, der sich über mehrere Generationen erstreckt. In diesem Moment muss jede Pflanze mit ihrem genetischen Erbe umgehen und sie ist mehr oder weniger gut gerüstet, um sich unter den gegebenen Bedingungen zu entwickeln.

NUR WILDES!

Es wird immer von den Pflanzen gesprochen, die wild vorkommen, nicht von denen, die gezüchtet oder eingeführt wurden. Die kultivierten Formen wurden auf ihre Fähigkeit hin selektiert, mit der größtmöglichen Bandbreite an Bedingungen zufrieden zu sein. So sind selbst handelsübliche Mohnblumen und Kornblumen eher fähig, an unterschiedlichen Standorten zu wachsen, als ihre wilden Vorfahren. Das Vorhandensein eines wilden Mohns kann daher eine Bedeutung haben (oftmals ein relativ leichter Boden in voller Sonne), während ein „künstlich gezüchteter" Mohn viel weniger Aussagekraft haben kann.

Was zeigen die Zeigerpflanzen – und was nicht

Eine Schwalbe macht noch keinen Sommer und eine einzelne Pflanze macht noch keinen ganzen Lebensraum aus. Und genauso gibt es Grenzen für den Einsatz von Indikatorpflanzen. Diese Grenzen muss man berücksichtigen, um nicht falsche Schlussfolgerungen zu ziehen.

NUR INDIZIEN

Bioindikatorpflanzen deuten in erster Linie auf einen Trend hin. Dies kann ein einfacher Trend sein (z. B. stickstoffreicher Boden) oder ein komplexerer Trend, wie ein Prozess (Auswaschung von Alkali-Ionen und Versauerung der Oberfläche). Alles in allem bleibt es jedoch ein Trend, d. h. ein Hinweis, der nicht mit einer messbaren Größe verbunden ist. Es gibt nichts Genaues in dieser Übung und das Vorhandensein einer bestimmten Pflanze wird Ihnen beispielsweise nicht erlauben, den pH-Wert des Bodens auf den ersten Blick zu bestimmen. Sie können lediglich sagen, dass der Boden eher sauer oder eher alkalisch ist, und das auch nur, wenn es sich um Pflanzen handelt, deren Vorhandensein mit dieser Bodeneigenschaft in Verbindung gebracht werden kann. Das heißt, man kann aus der Betrachtung einer einzelnen Pflanze heraus selten weitreichende Schlussfolgerungen ziehen. Man stellt nur den Aspekt Vorhandensein/Abwesenheit fest. Ob Sie Stechginster, Kastanienbäume, die sich wieder aussäen, und Heidekraut haben, was auf saure, kieselsäurehaltige Böden hindeutet, wird nicht durch das Fehlen von Fingerhut in Frage gestellt. Ebenso ist das Vorhandensein von Fingerhut nicht ausreichend, um zu behaupten, dass der Boden eher sauer zu sein scheint.

EINE FRAGE DER MASSE

Die Interpretation von Indikatorpflanzen muss man sich wie ein pointillistisches Gemälde vorstellen. Jeder Punkt für sich genommen gibt wenig Aufschluss, da erst die Gesamtheit aller Punkte eine Figur zeichnet. Ein Bild aus wenigen Punkten kann keine präzise Darstellung bieten. Um vom Abstrakten zum Figürlichen zu gelangen, sind viele Punkte auf der Leinwand erforderlich. Bei den Zeigerpflanzen ist es genauso. Aus diesem Grund spricht man von einer Gesellschaft, d. h. einer Gruppe von Pflanzen, die gemeinsam an einem bestimmten Ort wachsen (siehe S. 30).

Wilde Orchideen sind immer ein Zeichen für ein stabiles Milieu mit einem lebendigen Boden. Einige, wie das gezeigte Knabenkraut, sind jedoch auf sumpfige Böden angewiesen, andere auf Kalk oder viel Wärme.

Es spielt keine Rolle, dass dieser Oregano in diesem Garten üppig wächst. Er wurde extra hier gepflanzt und ist eine gärtnerische Sorte, die nicht mit wildem Oregano verglichen werden kann. Er hat keinen Wert als Zeigerpflanze.

NICHT ALLE SIND GLEICHWERTIG

Der Wert von Indikatorpflanzen ist alles andere als universell. Einige sind aussagekräftiger als andere. Und es kann offensichtliche Widersprüche geben, wie z. B. eine säureliebende Pflanze unter anderen, die Kalk vertragen. Daher sollten Sie einzigartigen Pflanzen im Allgemeinen nicht zu viel Bedeutung beimessen. Ebenso haben kurzlebige Pflanzen, darunter viele einjährige Gartenpflanzen, die viele Gärtner als saisonales Unkraut betrachten, nicht den gleichen Wert wie mehrjährige Pflanzen. Eine einjährige Pflanze hat das Ziel, sich schnell zu vermehren, während eine mehrjährige Art manchmal mehrere Jahre warten muss. Die Ausdauer der Stauden ist daher ein besserer Indikator. Pflanzen, die für bestimmte, sehr stabile Lebensräume spezifisch sind (Unterholz, langlebige Steppen, Sümpfe, Dünen...), haben ein viel größeres Gewicht als kurzlebige oder sehr anpassungsfähige Pflanzen. Schließlich hat auch die Art und Weise, wie Pflanzen auf Ihrem Grundstück dauerhaft miteinander vergesellschaftet sind, eine große Aussagekraft. „Pflanzengesellschaft" bedeutet eine Gruppe von Pflanzen, die zusammen wachsen (siehe S. 30).

Wie funktioniert das?

Zur Beurteilung einer Fläche, die Sie kultivieren wollen, ist lediglich eine Bestandsaufnahme der wilden Pflanzen zu machen, die dort ohne menschliches Zutun wachsen. Danach können Sie entscheiden, wie weit Sie gehen möchten.

Alles beginnt mit einer botanischen Bestandsaufnahme des Grundstücks, das Sie untersuchen möchten. Bioindikatorpflanzen sind das ganze Jahr über zu finden, aber die besten Möglichkeiten bieten sich zwischen Ende April und Anfang Juli. Die langen Abende sind ideal, um alle Wildpflanzen namentlich zu identifizieren. Sie können sich Sträuße mit Blüten und Blättern pflücken und Fotos aus jedem Winkel machen, denn das Wichtigste ist, dass Sie die Pflanze aus der Nähe betrachten.

WIE MAN DIE NAMEN VON PFLANZEN HERAUSFINDET

Zwei Werkzeuge ergänzen sich: Anwendung (Apps) und Floren. Erstere haben den Vorteil der Unmittelbarkeit. Da sie auf künstlicher Intelligenz basieren, sind sie nützlich, um die Gattung und oft auch die Art zu finden, zu der eine Pflanze gehört. Die Anwendungen können sich aber oft irren, da keine echte Intelligenz dahinter steckt, sondern nur eine statistische Verarbeitung des Bildes, das Sie liefern. Anwendungen werden zudem mit mehr oder weniger korrekt identifizierten Bildern gefüttert und die künstliche Intelligenz ist dafür

Eine einzelne Schwalbe macht noch keinen Sommer, eine ganze Kolonie aber schon. Das gilt auch für den Hafer, der hier in Massen aufkommt. Er ist ein Zeichen für trockene und leichte Böden.

Unkrautbekämpfung bedeutet vor allem, die Wildpflanzen, d. h. auch Zeigerpflanzen, zu entnehmen. Sie können ruhig Unkrautjäten, aber identifizieren Sie die betreffenden Pflanzen und schreiben Sie die Namen auf.

bekannt, Fehler aus den Vorgaben heraus zu reproduzieren. Daher müssen Sie auf spezialisierte Tools wie Pflanzenbestimmungsbücher oder, genauer gesagt, Floren zurückgreifen. Es gibt sie online und in Papierform.

QUALITÄT UND QUANTITÄT

Eine aufgefundene Pflanze benennen zu können, ist die halbe Miete, aber man sollte auch ihre Bedeutung berücksichtigen. Eine vereinzelte Brennnesselpflanze oder 50 m2 dieser nesselnden Pflanze sind nicht das Gleiche. Im ersten Fall kann es sich um eine Laune der Natur handeln, im zweiten Fall fühlt sie sich offensichtlich sehr wohl in der Gegend. Fachleute messen daher die relative Bestandsdichte jeder Art durch Stichproben (auf zufällig verteilten Quadraten von 1 m^2). Die Daten werden dann mithilfe von Programmen verarbeitet, die automatisch Berechnungen durchführen (siehe folgende Seiten). Soweit müssen Sie aber nicht gehen.

Sobald Sie jedoch die Pflanzen bestimmt haben, müssen Sie noch deren Präferenzen ermitteln. Auf den Seiten 32 bis 57 finden Sie die Affinitäten einer Auswahl von häufig in Gärten vorkommenden Pflanzen, aber je nach Region und Gelände findet man noch viele andere Pflanzen. Eines der besten Hilfsmittel ist pflanzen-vielfalt.net/bestimmen-sammeln/sammelzugaenge, das für sehr viele Pflanzen eine Angabe ihrer Ansprüche für Licht, Bodenfeuchtigkeit usw. anbietet. Durch den Vergleich dieser Angaben, durch Intuition und unter Berücksichtigung der relativen Häufigkeit der einzelnen Pflanzen erreichen Sie es, sich ein Bild von den Merkmalen des Bodens zu machen.

Etwas genauer: die Phytosoziologie

Wildpflanzen zeigen oft einen Trend für eine bestimmte Umgebung an, aber es ist auch zu beobachten, dass einige Pflanzen untereinander Affinitäten haben und Gruppen bilden. Die Pflanzensoziologie ist die Wissenschaft die versucht, diese Beziehungen zu identifizieren.

WER SICH VERSAMMELT...

Der erfahrene Botaniker erwartet oft eine bestimmte Anzahl von Pflanzen zu finden, wenn er mit der botanischen Inventarisierung beginnt. Wenn er z. B. an einer Stelle auf reichlich vorhandenen Echten Pastinak (*Pastinaca sativa*) stößt, erwartet er dessen üblichen Begleiter: Rainfarn, Gelbe Resede, Nachtkerze, Jakobskreuzkraut und viele andere, die mehr oder weniger häufig

anzutreffen sind. Daher wird oft von einer Pflanzengesellschaft gesprochen, die aus einer Gruppe von Pflanzen besteht. Hierbei handelt es sich um ein Grobkonzept, da Rainfarn sehr wohl auch zufällig in unüblichen Kombinationen mit weiteren Pflanzen wachsen kann. Auf diese Weise wurden Pflanzengesellschaften empirisch definiert. Mit diesem aussagekräftigen Werkzeug lassen sich z. B. komplexe Vegetationen verstehen, die aus ineinandergreifenden Gemeinschaften bestehen, oder man kann das ökologische Potenzial eines Ortes anhand des Reichtums der Assoziationen bestimmen, die dort vorkommen. Mit dem Ziel der Erhaltung (nicht nur) pflanzlicher Biodiversität ist es ein wichtiges Werkzeug.

ERNSTHAFTE BEDENKEN

Die Pflanzensoziologie ging wohl etwas zu weit, als ihre Erforscher versuchten, den Pflanzengesellschaften sehr genaue Namen zu geben, wobei sie davon ausgingen, dass jede Pflanzengesellschaft den gleichen Wert wie ein Lebewesen hat und dass daher eine ähnliche Klassifizierung (Syntaxonomie genannt) erforderlich ist. Es entstand eine kodierte Klassifikation, die die klassische botanische Nomenklatur (Gattung und Art) kopiert, aber

Es ist nicht offensichtlich, aber auf dieser Wiese steht die Gesellschaft *Arrhenatheretalia elatioris* subsp. *elatioris* einschließlich des Wiesen-Knäuelgrases (im Vordergrund, rechts).

auf dem Namen einer repräsentativen Pflanzenart der jeweiligen Gesellschaft basiert. Beispielsweise basiert die Gesellschaft „*Trifolio repentis-Phleetalia pratensis*" auf dem Weiß-Klee (*Trifolium repens*). Allerdings enthalten einige dieser „pflanzensoziologischen Taxa" die namensgebende Pflanze gar nicht, wie z. B. „*Dauco carotae*", worin keine Wilde Möhre wächst. Einige von Pflanzensoziologen anerkannte Assoziationen beruhen auf Unterscheidungen, die von botanischen Taxonomen (Botanikern, die sich auf die Klassifizierung (Taxonomie) spezialisiert haben) nicht anerkannt werden. Das Konzept ist also nützlich, um Pflanzengesellschaften zu verstehen, aber es bleibt ein Konzept. Sie als Laie müssen aber gar nicht so weit gehen, um das Potenzial eines Grundstücks zu beurteilen. Der erwähnte Ansatz dient eher dem Experten oder Naturforscher.

Online-Ressourcen

Es gibt mehrere Ressourcen, die Pflanzengesellschaften auflisten. Sie erfordern meist gute Botanikkenntnisse in der Identifizierung von Pflanzen bis hinunter auf die Ebene von Art und Unterart. Ein Beispiel ist:
www.floraweb.de
vom Bundesamt für Naturschutz

Pflanzenporträts ausgewählter Zeigerpflanzen

Löwenzahn

Vogelknöterich

Stumpfblättriger Ampfer ❶

Rumex obtusifolius

Merkmale: Verwandter des Sauerampfers mit leicht runzligen, senkrecht stehenden Blättern. Der ausdauernde Stängel ist ledrig und trägt kleine, grüne Blüten.
Bevorzugte Standorte: Alle offenen Flächen wie Gemüsegärten, Schotterhalden, Rasenflächen, entlang von Wegen usw.
Bioindikationen: Dieser Ampfer ist ein Marker für brach liegende oder gestörte lehmige Böden mit guter Fruchtbarkeit.
Chancen/Schwierigkeiten: Das Vorkommen dieser Pflanze weist auf einen fruchtbaren Boden hin, der durch die Zugabe von organischem Material (z. B. Laubkompost) verbessert werden muss. Die schlechte Nachricht ist, dass der Stumpfblättrige Ampfer sehr hartnäckig und fruchtbar ist.

Arznei-Beinwell ❷

Symphytum officinale

Merkmale: Große Pflanze mit lanzettförmigen, rauen Blättern und kleinen Blüten in verschiedenen Farben (Rosa, Weiß oder Lila). Zieht im Winter ein (unter die Erde).
Bevorzugte Standorte: Er ist an Flussufern zu finden, wandert aber auch in Gärten und Gräben, da er sich leicht und gut vermehrt.
Bioindikationen: Beinwell ist auf Böden angewiesen, die im Sommer in der Tiefe feucht bleiben und eher nährstoffreich sind. Er ist daher ein Indikator für eine relativ hohe Feuchtigkeit.
Chancen/Schwierigkeiten: Zeigt ein gutes Potenzial an, jedoch nicht für Kulturen, die Staunässe nicht vertragen.

Kanadisches Berufkraut ❸

Erigeron canadensis

Merkmale: Rosette aus samtig behaarten Blättern, die schnell Platz für einen Blütenstand machen, der zahlreiche winzige Blütenköpfchen trägt.
Bevorzugte Standorte: Kommt fast überall vor, aber nicht zu schattig.
Bioindikationen: Allerwelts-Pflanze mit wenig ausgeprägter Zeigerfunktion, vor allem für sonnige Standorte, die jedoch eher kalkhaltig oder neutral als sauer sind.
Chancen/Schwierigkeiten: Sein Vorkommen ist nicht wirklich aufschlussreich, da es überall wachsen kann.

Besenginster ❹

Cytisus scoparius

Merkmale: Immergrüner Strauch mit dünnen, langen Zweigen und unauffälligen, schnell abfallenden Blättern. Blüht charakteristisch goldgelb mit Schmetterlingsblüten.
Bevorzugte Standorte: Waldränder und Heiden, kann auch auf Wiesen vorkommen, jedoch niemals in großer Entfernung zu einem Wald, auch an Abholzungsflächen.
Bioindikationen: Kalkarmer Boden, im Sommer leicht frisch, gering fruchtbar. Besenginster ist ein guter Indikator für saure Sandböden.
Chancen/Schwierigkeiten: Für Liebhaber von Heidepflanzen ist sein Vorkommen ein gutes Zeichen. Für Gemüsegärtner: Halten Sie gleich Ausschau nach Mist und Kompost und denken Sie an die Bewässerung!

Einjähriges Bingelkraut ❺

Mercurialis annua

Merkmale: Dieses Bingelkraut gehört zu den am weitesten verbreiteten und lässt sich vor allem durch die leuchtend grüne Farbe und die helleren Blattrippen identifizieren.
Bevorzugte Standorte: Die Pflanze kann überall vorkommen, am häufigsten jedoch in umgegrabener Erde.
Bioindikationen: Bingelkraut kommt an mäßig feuchten Orten vor. Es wächst dort, wo der Stickstoffgehalt im Boden hoch ist.
Chancen/Schwierigkeiten: Je nach Wuchs der Pflanzen kann es einen guten Boden für Pflanzungen ankündigen (kräftige Bingelkraut-Pflanzen, dichter Bewuchs) oder einen Boden, der mit organischen Stoffen angereichert werden muss (spärliche Pflanzen).

Stumpfblättriger Ampfer ❶

Arznei-Beinwell ❷

Kanadisches Berufkraut ❸

Besenginster ❹

Einjähriges Bingelkraut ❺

Brennnessel ❶

Urtica dioica

Merkmale: Ein Büschel kann sehr flächig wachsen. Unverwechselbar durch ihr stechend-brennendes Laub und die Wurzelausläufer. Sie hat dicke, gelbe, ledrige Wurzeln.
Bevorzugte Standorte: Fast überall im Garten. Mag auch die Nachbarschaft von Gebäuden.
Bioindikationen: Die Brennnessel ist stark mit stickstoffreichen und eher frischen Böden korreliert, die im Sommer nicht bis in die Tiefe austrocknen. Sie ist aber ein besserer Indikator für den Stickstoffgehalt als für den Wassergehalt. Wenn ein Busch üppig wächst, ist das ein Zeichen für einen guten Gehalt an Nährstoffen im Boden. Gibt einen Hinweis auf einen gewissen Säuregrad, kann aber auch auf kalkhaltigen Böden vorkommen.
Chancen/Schwierigkeiten: Zeigt fruchtbaren Boden an, daher ist das Vorhandensein ein gutes Omen. Gute Eignung für Zierpflanzen und Kulturen in frischer Erde (z. B. Rhabarber).

Brombeere ❷

Rubus fruticosus

Merkmale: Gut bekannte, dornige Pflanze. Es gibt verschiedene Brombeerarten und einige haben ganz eigene Ansprüche.
Bevorzugte Standorte: Die Brombeere kommt in allen Arten von Lebensräumen vor, auch im Schatten.
Bioindikationen: Die Brombeere weist auf einen Übergang zum Dickichtstadium hin.
Chancen/Schwierigkeiten: Das Vorkommen von Brombeeren ist aufgrund des hohen Anteils an organischem Material ein gutes Vorzeichen für jede Art von Bepflanzung. Ihr Auftreten zeigt aber auch, dass sich der Lebensraum schließt (Deckung durch Sträucher oder Bäume).

Gewöhnlicher Efeu ❸

Hedera helix

Merkmale: Den Efeu muss man wahrscheinlich nicht vorstellen, aber es sei daran erinnert, dass er in drei Formen auftreten kann: kriechend, kletternd und strauchförmig (ab einem bestimmten Alter).
Bevorzugte Standorte: In fast allen Lebensräumen anzutreffen, insbesondere in solchen, die durch den Menschen gestört werden.
Bioindikationen: Sein Vorkommen ist im Winter ein Hinweis, dass vorhandene Bäume oder Sträucher im Sommer ein dichtes Laubdach und viel organisches Material am Boden bilden werden.
Chancen/Schwierigkeiten: Seine Verbreitung weist darauf hin, dass man bei Nutzpflanzungen (Gemüse- und Obstgarten) für verbesserten Lichteinfall sorgen muss. Bei Zierpflanzungen sind Schattenarten vorzusehen.

Acker-Ehrenpreis ❹

Veronica agrestis

Merkmale: Kleine, kriechende Pflanze mit eiförmigen Blättern und kleinen, blauen Blüten, die den ganzen Frühling über blühen.
Bevorzugte Standorte: Häufig im Gemüsegarten, aber auch auf Schotterflächen und aufgeworfenen Böden.
Bioindikationen: Dieser Ehrenpreis ist ein Indikator für (zumindest oberflächlich) leichte, aber auch reichhaltige Erde. Es weist auch auf einen Boden hin, der sich im Frühjahr schnell erwärmt.
Chancen/Schwierigkeiten: Reichlicher Bestand deutet auf einen guten Standort für Frühgemüse hin. Keine Aussagekraft hinsichtlich der tieferen Bodenschicht.

Gewöhnliche Esche ❺

Fraxinus excelsior

Merkmale: Ein häufiger Baum, der durch seine zusammengesetzten Blätter und im Winter an den glatten Zweigen und großen Knospen leicht zu erkennen ist.
Bevorzugte Standorte: Die Esche kommt an vielen Orten vor, von Wiesen (Jungbäume) bis hin zu Wäldern, die sie in großer Zahl besiedeln kann (Eschenwälder).
Bioindikationen: Die Esche weist immer auf einen tiefgründigen, frischen Boden mit einem guten Tongehalt hin. Der Boden kann sowohl kalkhaltig als auch sauer sein.
Chancen/Schwierigkeiten: Die Verbreitung der Esche weist auf einen Boden hin, der eine vielfältige Bepflanzung ermöglicht, wobei die Entwässerung im Winter verbessert und eine Bewässerung im Sommer nicht ausgeschlossen werden sollte.

Brennnessel ❶

Brombeere ❷

Gewöhnlicher Efeu ❸

Acker-Ehrenpreis ❹

Gewöhnliche Esche ❺

Roter Fingerhut ❶

Digitalis purpurea

Merkmale: Fingerhut ist in der Blütezeit an seinen Blüten in der Form von Fingerhüten und auch nach dem Abblühen an seiner langen Ähre mit Kapseln sehr leicht zu erkennen. Im Blattstadium kann er mit Alant (*Inula conyza*) verwechselt werden.

Bevorzugte Standorte: Waldränder auf sauren Böden. Im Garten kann er überall vorkommen, am ehesten in der Nähe von Sträuchern.

Bioindikationen: Wo er sich vermehrt, haben Sie es sicherlich mit saurem Boden zu tun, der im Sommer nicht zu trocken wird und eher kieselsäurehaltig ist.

Chancen/Schwierigkeiten: Sein Vorkommen deutet auf einen Boden hin, der sich für viele Kulturen eignet. Für Steinobst, wie z. B. Aprikosen, ist dies nicht der günstigste Boden. Für einen Gemüsearten muss der pH-Wert etwas verbessert, also nach oben korrigiert werden.

Kriechendes Fingerkraut ❷

Potentilla reptans

Merkmale: Die Blätter sind 5-zählig gefingert, die Teilblätter gezähnt. Sie liegen immer am Boden an. Die Blüte ähnelt der einer Erdbeere, ist aber gelb.

Bevorzugter Standort: Offenes Land in der Sonne.

Bioindikationen: Diese Pflanze ist ein Indikator für verdichtete Böden mit einer gewissen Frische in der Tiefe. Sie wurzelt tief und wächst gern an stickstoffreichen Plätzen.

Chancen/Schwierigkeiten: Die Pflanze ist invasiv und weist auf ein gutes Bodenpotenzial hin, das jedoch durch Bodenverbesserungen (Lockerung) realisiert werden muss.

Wiesen-Flockenblume ❸

Centaurea jacea

Merkmale: Staude, die vor allem durch ihre Körbchenblüten auffällt: eine runde, harte Basis, die von malvenfarbenen Zungenblüten gekrönt werden. Die Stängel sind ledrig. Wächst in dichten Büscheln.

Bevorzugter Standort: Immer in der Sonne, inmitten einer gut etablierten Vegetation, wie z. B. einer spät im Jahr gemähten Wiese.

Bioindikationen: Diese Wiesen- und Brachlandpflanze ist ein Vorbote von Sträuchern, die eher auf tiefgründigem oder sogar lehmigem Boden wachsen, der im Sommer jedoch recht trocken ist.

Chancen/Schwierigkeiten: Ihr Vorkommen ist ein gutes Omen für die Anpflanzung von Bäumen. Sie verträgt Kalkböden gut und kann sich dort vermehren.

Großes Flohkraut ❹

Pulicaria dysenterica

Merkmale: Die Pflanze ist ca. 60 cm hoch, hat dunkelgelbe Blütenköpfe, wollige Blätter und einen etwas unangenehmen Geruch, wenn man sie zerreibt.

Bevorzugte Standorte: Die Pflanze findet sich vor allem in Gräben und an offenen Stellen, niemals im Schatten.

Bioindikationen: Flohkraut ist ein guter Indikator für feuchte, ziemlich kalkhaltige Standorte, die reich an organischem Material sind.

Chancen/Schwierigkeiten: Das Vorhandensein lädt zu Anpflanzungen für frische oder feuchte Böden ein. Ansonsten sollte eine Dränage in Betracht gezogen werden.

Kohl-Gänsedistel ❺

Sonchus oleraceus

Merkmale: Rosette aus eingeschnittenen, bläulich-grünen Blättern, aus der ein Stängel mit borstig gezähnten Blättern wächst. Blüten, die optisch an Löwenzahn erinnern. Milchiger Pflanzensaft.

Bevorzugte Standorte: Diese sehr häufige Pflanze kann fast überall vorkommen, wo der Boden gestört wurde.

Bioindikationen: Weist nur auf eine mehr oder weniger frische Störung des Standortes und wenig Stickstoff hin.

Chancen/Schwierigkeiten: Diese Pflanze ist so alltäglich, dass sie keine brauchbaren Informationen liefert. Ausnahme sind Exemplare in einer Größe von mehr als 60 cm, die sehr reiche Böden anzeigen.

Roter Fingerhut ❶

Kriechendes Fingerkraut ❷

Wiesen-Flockenblume ❸

Großes Flohkraut ❹

Kohl-Gänsedistel ❺

Weißer Gänsefuß ❶

Chenopodium album

Merkmale: Einjährige Pflanze, die ab Mai aufläuft und graue Blätter bildet, die wie bestäubt aussehen (man nennt sie „bemehlt"). Graue Ähren im Sommer, die von sehr ledrigen Stängeln getragen werden.

Bevorzugter Standort: Jeder offene Boden in der Sonne. Die Pflanze kommt weder im Schatten, noch an Stellen mit dichter Vegetation vor.

Bioindikationen: Die Gänsefußgewächse sind nicht an eine bestimmte Bodenart gebunden und geben nur Hinweise auf die Pflege der Standorte, wie z. B. Jäten oder Störungen, die eine dauerhafte Bodenbedeckung verhindern.

Chancen/Schwierigkeiten: Gänsefuß wächst üppig auf schlecht strukturierten Böden (zu wenig Poren oder Krümel) und ist ein Hinweis, dass Bodenverbesserungen erforderlich sind, z. B. durch den Anbau von Gründüngung.

Gewöhnliches Greiskraut ❷

Senecio vulgaris

Merkmale: Ganzjährig sichtbare, kleine Pflanze mit dunkelgrünen, gelappten Blättern und gelben Blütenpinseln.

Bevorzugte Standorte: Diese Pflanze kann in allen Lebensräumen vorkommen, außer im Schatten.

Bioindikationen: Als perfekter Generalist zeigt dieses Greiskraut lediglich geringste bis gute Lichtverhältnisse an (kein Schatten).

Chancen/Schwierigkeiten: Das Greiskraut kommt sowohl auf armen als auch auf reichen, kalkhaltigen oder kalkfreien Böden vor. Es zeigt keine besonderen Möglichkeiten auf.

Kriechender Hahnenfuß ❸

Ranunculus repens

Merkmale: Leicht fleischige, nicht ganz deutliche Rosette (Halbrosettenpflanze), stark geteiltes Blatt, breitet sich als sehr ausgedehnter Teppich aus. Leuchtend gelbe becherförmige Blüten im Frühjahr. Leicht zu erkennen.

Bevorzugte Standorte: Kühle Stellen, Sockelbereich schattiger Mauern, aber auch feuchte Stellen im Licht.

Bioindikationen: Verrät immer einen selbst bei Sommerhitze feuchten Ort (verträgt keine Trockenheit), der stickstoffreich ist.

Chancen/Schwierigkeiten: Sein Vorhandensein garantiert Ihnen ein gutes Potenzial für alle Arten von Anpflanzungen, aber Vorsicht bei Arten, die schlecht dränierte Böden nicht vertragen.

Schwarzer Holunder ❹

Sambucus nigra

Merkmale: Ein Strauch mit zusammengesetzten Blättern und einem unangenehmen Geruch. Im Juni weiße Blüten, die in Schirmrispen stehen.

Bevorzugte Standorte: Vor allem an Waldrändern, auch häufig in der Nähe von Gebäuden.

Bioindikationen: Der Holunder ist sowohl auf Feuchtigkeit (auch im Sommer) als auch auf Stickstoff im Boden angewiesen.

Chancen/Schwierigkeiten: Er ist oft ein Indikator für sehr gute Böden, jedoch an Stellen, wo das Licht für Obstbäume oder einen Obstgarten nicht ausreichen könnte.

Huflattich ❺

Tussilago farfara

Merkmale: Gelbe Blütenköpfe, die im Spätwinter einzeln erscheinen, gefolgt von breiten, auf der Rückseite wollig behaarten Blättern, die direkt aus dem Boden wachsen.

Bevorzugte Standorte: Nur dort, wo der Boden offen ist, oft in der Nähe von Schotterhalden.

Bioindikationen: Ein ausgezeichneter Indikator für feuchte und kalkhaltige Böden, wie z. B. Mergelböden.

Chancen/Schwierigkeiten: Sein Vorkommen ist ein Zeichen für einen schlecht strukturierten Boden, der mit viel organischer Masse (Humus, Gründüngung, Laubkompost) versorgt werden muss.

Weißer Gänsefuß 1

Gewöhnliches Greiskraut 2

Kriechender Hahnenfuß 3

Schwarzer Holunder 4

Huflattich 5

Hundszahngras ❶

Cynodon dactylon

Merkmale: Durch Ausläufer wucherndes, nie hohes Gras mit einem dickeren Rhizom als die klassische Quecke. Charakteristisch ist der hahnentrittförmige Blütenstand.
Bevorzugte Standorte: Trockene, warme und sonnige Stellen. Man findet es in den wärmsten Gebieten an Rhein und Neckar sowie in manchen Teilen Österreichs (z. B. in der Südoststeiermark).
Bioindikationen: Das Hundszahngras weist auf einen warmen und trockenen Standort hin, den die Fachleute als mesothermophil bezeichnen, der aber eine gewisse Fruchtbarkeit aufweist. Die Pflanze zeigt zudem eine Trittbelastung auf.
Chancen/Schwierigkeiten: Wo die Pflanze gedeiht, können Sie leicht wärmeliebende Pflanzen von *Agapanthus* bis Aprikosenbäumen anbauen. Es ist jedoch eine recht anpassungsfähige Pflanze und damit nicht so bedeutend.

Weiß-Klee ❷

Trifolium repens

Merkmale: Diese auf Rasenflächen so vertraute Pflanze muss nicht vorgestellt werden. Es gibt noch weitere Kleearten, die manchmal einen anderen Wert als Indikator haben.
Bevorzugte Standorte: Offene, helle Stellen..
Bioindikationen: Der Klee verrät stickstoffarme Böden, die im Sommer nicht zu trocken sind.
Chancen/Schwierigkeiten: Reiches Vorkommen weist darauf hin, dass die Kulturen mit Stickstoff in organischer Form versorgt werden müssen. Seine große Menge kann die Anlage anderer Kulturen (z. B. Gemüsegarten) erschweren, da es sich um ein wucherndes, mehrjähriges Kraut handelt. Im Rasen stellt das kein Problem dar.

Wiesen-Knäuelgras ❸

Dactylis glomerata

Merkmale: Dieses gewöhnliche Gras ist an seinen geknäulten Blütenständen und seinen breiten, V-förmig gefalteten Blättern in einem charakteristischen bläulichen Hellgrün zu erkennen.
Bevorzugte Standorte: Es ist überall zu finden, aber immer in der Sonne und kaum dort, wo der Boden in letzter Zeit gestört wurde.
Bioindikationen: Diese Pflanze weist auf eine gewisse Bodenfruchtbarkeit hin, besonders wenn sie hoch wächst. Sie kann auch auf armen Böden wachsen, dann erreicht sie jedoch nur geringere Größen.
Chancen/Schwierigkeiten: Sein Vorkommen weist auf einen Boden mit einem bereits vorhandenen oder noch zu entwickelnden Potenzial hin. Knäuelgras ist ein Merkmal von nährstoffreichen Wiesen, die jedoch im Sommer tief austrocknen können.

Gewöhnliche Kratzdistel ❹

Cirsium vulgare

Merkmale: Leicht zu erkennen an einer Rosette aus stacheligen Blättern, die einen heftig bewehrten Stängel hervorbringt. Dieser endet in rosafarbenen Blütenköpfen. Die Pflanze lebt nur ein Jahr.
Bevorzugter Standort: Kommt sowohl auf frisch umgegrabenen Böden als auch auf alten Weiden vor: eine wenig spezialisierte Pflanze.
Bioindikationen: Wächst auf tiefgründigen, eher lehmigen, stickstoffreichen Böden, die regelmäßigen Störungen ausgesetzt sind, kann aber auch an anderen Orten vorkommen.
Chancen/Schwierigkeiten: Das Vorkommen deutet auf eine gute Bodenfruchtbarkeit (kräftige, über 1 m hohe Pflanzen) oder einfach auf einen lehmigen, aber armen Boden (kränkelnde Pflanzen) hin.

Kletten-Labkraut ❺

Galium aparine

Merkmale: Der Spreizklimmer hat mit Stachelborsten besetzte Stängel, die sich am Stoff festhalten, sobald man sie berührt. Kugelförmige Früchte, die sich im Sommer vor allem an Socken anheften.
Bevorzugte Standorte: Kletten-Labkraut lässt sich überall im Garten, aber auch an nicht kultivierten Stellen finden; in der Sonne, aber auch in Wäldern.
Bioindikationen: Verweist auf einen guten Stickstoffgehalt und eine gute Sonneneinstrahlung. Es handelt sich um eine anpassungsfähige Pflanze, die auch weit entfernt von optimalen Standorten vorkommt.
Chancen/Schwierigkeiten: Ihr Vorkommen lässt an die Möglichkeit einer Zierpflanzung oder eines Gemüsegartens denken, wobei die Diagnose durch andere Pflanzen bestätigt werden muss.

Hundszahngras ❶

Weiß-Klee ❷

Wiesen-Knäuelgras ❸

Gewöhnliche Kratzdistel ❹

Kletten-Labkraut ❺

Weiße Lichtnelke ❶

Silene latifolia

Merkmale: Kleine Pflanze mit Stängeln, die mit „Knien" versehen sind und immer verdreht sind. Weiße Blüten, die sich am Abend öffnen. Nach der Fruchtbildung bleiben die Kapseln lange am Stängel hängen. Die Pflanze ist sehr häufig.
Bevorzugte Standorte: Alle Standorte in der Sonne oder im Schatten. Sie ist in sehr unterschiedlichen Situationen zu finden.
Bioindikationen: Diese Pflanze gedeiht am besten auf leichten Böden, die reich an organischem Material sind, egal ob kalkhaltig oder nicht. Sie ist eine typische Pflanze für die Sonne.
Chancen/Schwierigkeiten: Die Pflanze hat einen geringen Wert als Zeigerpflanze, aber ihr Vorkommen deutet auf einen sandigen Boden hin, der verbessert werden muss, um ihm Struktur zu verleihen, und der zu schneller Austrocknung neigt.

Löwenzahn ❷

Taraxacum officinale

Merkmale: Charakteristische Rosette mit mehr oder weniger stark gezähnten Blättern. Blüht von März bis Oktober oder länger.
Bevorzugte Standorte: Liebt den Rasen, kann aber an fast jedem Ort im Garten vorkommen.
Bioindikationen: Der Löwenzahn ist anspruchslos und kein starker Indikator, außer für volle Sonne, da er keinen Schatten verträgt. Er verrät einen nicht zu trockenen und fruchtbaren Boden, sofern man große Exemplare findet.
Chancen/Schwierigkeiten: Die Pflanze markiert vor allem einen hellen Standort und einen nicht zu armen Boden, wo zahlreiche Kulturen gepflanzt werden können.

Wilde Malve ❸

Malva sylvestris

Merkmale: Pflanze mit 5- bis 7-lappigen Blättern auf bis zu 1 m hohen Stängeln. Charakteristische rosalilafarbene Blüten mit weißem Pompon aus Staubbeuteln in der Mitte, geruchlos. 1–3 Jahre Lebensdauer.
Bevorzugte Standorte: Die Malve kann an jedem sonnigen Standort vorkommen, häufig jedoch an Orten, an denen der Boden erst kürzlich umgegraben wurde.
Bioindikationen: Die Malve gibt nur an, dass der Standort in voller Sonne liegt. Sie ist eher auf durchlässigen Böden zu finden, entweder kalkhaltig oder auch sauer.
Chancen/Schwierigkeiten: Da sie einen geringen Indikatorwert hat, deutet sie kaum auf Chancen hin, aber ihr Vorkommen zeigt an, dass junge Anpflanzungen im Sommer immer gegossen werden müssen.

Magerwiesen-Margerite ❹

Leucanthemum vulgare

Merkmale: Ein vertrauter Körbchenblütler, der in mehr oder weniger breiten Büscheln wächst und vor allem im Juni auffällt.
Bevorzugte Standorte: Weiden, wenig gepflegte Rasenflächen, Böschungen und alle grasbewachsenen Stellen.
Bioindikationen: Die Magerwiesen-Margerite ist eine Zeigerpflanze für Wiesen, oft dort, wo Sträucher alles überziehen würden, wenn man nicht mehr eingreift.
Chancen/Schwierigkeiten: Weist nicht auf Besonderheiten hin. Bei guter Bodenstruktur (krümelig) sollte eine Anpflanzung von Bäumen (Obst- oder Zierbäume) günstige Bedingungen vorfinden.

Rundblättrige Minze ❺

Mentha suaveolens

Merkmale: Leicht am Geruch nach grünem Apfel und den runden, etwas runzligen Blättern zu erkennen.
Bevorzugte Standorte: Die Pflanze ist eine Wiesen- und Weidepflanze, die man selten in Gärten antrifft, außer in der Nähe von naturnahen Flächen.
Bioindikationen: Sie ist auf eine hohe Bodenfeuchtigkeit angewiesen, auch wenn der Standort im Laufe des Sommers austrocknen kann. Eher auf kalkhaltigen oder mergeligen Böden.
Chancen/Schwierigkeiten: Ihre Verbreitung lässt auf ein gutes Potenzial für die meisten Anpflanzungen oder die Anlage eines Gartens schließen, außer mit Pflanzen, die im Frühjahr zu empfindlich auf Feuchtigkeit reagieren.

Weiße Lichtnelke ❶

Löwenzahn ❷

Wilde Malve ❸

Magerwiesen-Margerite ❹

Rundblättrige Minze ❺

Wilde Möhre ❶

Daucus carota

Merkmale: Zweijährige Pflanze, die vor allem durch die Blüte (ab August) auffällt. Die Dolden sind weiß mit einer roten Blüte in der Mitte. Das Laub riecht nach Karotten.

Bevorzugter Standort: Die wilde Möhre ist nicht spezialisiert und wächst an vielen, dauerhaft sonnigen Orten.

Bioindikationen: Verrät tiefgründige, gut dränierte Erde, die im Spätsommer sogar trocken sein kann und im Allgemeinen nicht sehr fruchtbar ist.

Chancen/Schwierigkeiten: Eine Fülle an Wilden Möhren ist nicht das beste Zeichen für einen Gemüsegarten, es sei denn, er wird verbessert. Empfohlen werden eher einfache Zierpflanzungen.

Klatsch-Mohn ❷

Papaver rhoeas

Merkmale: Im Sommer ist der Klatsch-Mohn nicht zu verwechseln. Im Winter ist er mit den gefiederten Blättern und Rosetten jedoch sehr unauffällig. Er verschwindet bei sommerlicher Trockenheit.

Bevorzugte Standorte: In voller Sonne, von Feldrändern bis zu Gärten, aber vor allem auf Erdwällen und an Stellen, die vor kurzem bewegt (umgegraben) wurden.

Bioindikationen: Der Klatsch-Mohn weist vor allem auf unreife Böden hin, die wenig verdichtet und oft arm an organischer Substanz sind. Er benötigt vollsonnige Standorte.

Chancen/Schwierigkeiten: Dieser Mohn zeigt vor allem an, dass der Boden mit Nährstoffen versorgt und wahrscheinlich geschützt werden muss (durch Mulch oder Bodendecker). Mohn ist auch ein Hinweis auf einen gut durchlässigen, im Sommer manchmal zu trockenen Boden.

Schwarzer Nachtschatten ❸

Solanum nigrum

Merkmale: Saisonale Pflanze mit dunklem Stängel, die vor allem durch ihre tomatenartigen, aber weißen Blüten und die schwarzen Beeren auffällt. Stets fest verwurzelt.

Bevorzugte Standorte: Kommt vor allem in Gemüsegärten und an Orten vor, an denen die Erde umgegraben wurde.

Bioindikationen: Zeigt nur einen hohen Stickstoffgehalt an.

Chancen/Schwierigkeiten: Der Nachtschatten weist eher auf die Art der Bodenbearbeitung (Hacken) als auf Bodeneigenschaften hin. Er hat keinen Wert als Zeigerpflanze.

Gewöhnlicher Natternkopf ❹

Echium vulgare

Merkmale: Rosette aus etwas stacheligen Blättern, aus der ein großer Stängel mit blauen Blüten wächst, die über viele Wochen hinweg blühen.

Bevorzugte Standorte: Alle offenen Stellen, aber vor allem dort, wo die Erde bearbeitet, umgegraben oder aufgeschüttet wurde.

Bioindikationen: Der Natternkopf weist vor allem auf arme, trockene, wenig strukturierte Böden hin. Abgesehen von seiner vollständigen Abhängigkeit von der prallen Sonne ist er keine sehr zuverlässige oder aussagekräftige Zeigerpflanze.

Chancen/Schwierigkeiten: Wo er reichlich vorkommt, muss der Boden bei der Anpflanzung von Bäumen und danach angereichert werden (Kompost). Für einen Gemüsegarten wenig geeignet.

Gewöhnliche Quecke ❺

Elymus repens

Merkmale: Gewöhnlich aussehendes, unauffälliges Gras. Die Quecke überwindet mit ihren wuchernden Rhizomen große Entfernungen.

Bevorzugte Standorte: Sie bevorzugt sonnige, eher trockene Standorte, gedeiht am besten auf leichtem (sandigem) Boden.

Bioindikationen: Die Quecke verweist auf einen trockenen und sonnigen Boden, ist aber anpassungsfähig und daher kein ausgeprägter Indikator.

Chancen/Schwierigkeiten: Lässt gute Dränage vermuten, daher eher ein Boden für Bepflanzungen, die an Wassermangel angepasst sind, eher nicht für den Gemüsegarten.

Wilde Möhre 1

Klatsch-Mohn 2

Gewöhnlicher Natternkopf 4

Schwarzer Nachtschatten 3

Gewöhnliche Quecke 1

Einjähriges Rispengras ❶

Poa annua

Merkmale: Sehr kleines Gras mit gefalteter Blattanlage (Querschnitt im unteren Bereich), lockere Ähren, die oft in Bodennähe aufragen. Flache Büschel, meistens mit einem Durchmesser von weniger als 15 cm.
Bevorzugte Standorte: Die Pflanze kommt ausnahmslos überall vor.
Bioindikationen: Das Einjährige Rispengras ist auf offene Stellen (nackte Erde) angewiesen und nur das zeigt es auch an.
Chancen/Schwierigkeiten: Wenn es eine am weitesten verbreitete Pflanze auf der Welt gibt, dann diese! Aus ihrem Vorkommen lassen sich keine Rückschlüsse ziehen.

Hunds-Rose ❷

Rosa canina

Merkmale: Diese Wildrose ist eine häufige und daher vertraute Pflanze, die leicht an ihren hellgrünen, stacheligen Zweigen und den ungefüllten Blüten im Mai/Juni zu erkennen ist. Auch die roten Früchte, die Hagebutten, sind leicht zu identifizieren.
Bevorzugte Standorte: Die Hunds-Rose wächst überall und in vielen Situationen. Man findet sie immer in sonnigen Gebüschen und Waldsäumen.
Bioindikationen: *Rosa canina* ist ein schwacher Indikator für einen eher tiefgründigen, oft kalkhaltigen Boden. Sie zeigt vor allem die Verbuschung eines Lebensraums an, d. h. die allmähliche Bedeckung mit Sträuchern, bevor der Wald entsteht.
Chancen/Schwierigkeiten: Abgesehen von der Tiefe des Bodens weist die Hunds-Rose auf keinerlei Besonderheiten hin. Denken Sie jedoch daran, den Kalkgehalt des Bodens zu prüfen.

Ruprechtskraut ❸

Geranium robertianum

Merkmale: Kleine Pflanze mit tief eingeschnittenen Blättern und einem starken Geruch, der meistens als unangenehm empfunden wird. Die Blätter sind oft rot gefärbt, die Blüten rosa.
Bevorzugte Standorte: Diese Storchschnabel-Art ist an vielen Orten inkl. des Waldes zu finden, vor allem an sogenannten ruderalen Standorten: Mauern, alte Treppen, Schutthalden usw.
Bioindikationen: Weist immer auf einen hohen Gehalt an organischer Substanz und einen geringen Stickstoffgehalt hin.
Chancen/Schwierigkeiten: Sein Vorkommen ist ein gutes Zeichen, dass man Unterpflanzungen mit Zierpflanzen wie Funkien oder Farnen vornehmen kann. Er kann aber auch auf einen im Sommer austrocknenden Boden hinweisen.

Großer Sauerampfer ❹

Rumex acetosa

Merkmale: Pflanze mit lanzettförmigen, glatten Blättern in einem Büschel. Die fein gerillten Stängel tragen pfeilförmige Blätter und sehr unauffällige Blüten, die grün sind und später in ein Rostbraun übergehen.
Bevorzugte Standorte: Die Pflanze ist in Gärten, aber auch in Wäldern und auf Lichtungen zu finden.
Bioindikationen: Der Sauerampfer ist charakteristisch für saure Böden oder für Böden, deren Kalkgehalt sich (durch Auswaschung) reduziert, auf trockenen oder feuchten, lehmigen oder sandigen Böden.
Chancen/Schwierigkeiten: Die Entkalkung, die er anzeigt, deutet darauf hin, dass der Boden für einen Gemüsegarten oder für Baumpflanzungen verbessert werden muss. Günstig für Kastanienbäume und Pflanzen für kieselsäurehaltige Böden.

Sauerklee ❺

Oxalis debilis

Merkmale: Kleeblattähnliche Blätter, die jedoch aus einer Zwiebel mit zahlreichen Ablegern (Bulbillen) sprießen. Blassrosa Blüten im Sommer.
Bevorzugte Standorte: Kommt immer dort vor, wo die Erde umgegraben wurde, aber auch in Töpfen.
Bioindikationen: Dieses Unkraut benötigt nur einen sonnigen Boden, um sich gut zu vermehren.
Chancen/Schwierigkeiten: Das Vorhandensein dieser Pflanze ist ein Problem, da sie sehr hartnäckig wuchert. Sagt nichts über Voraussetzungen für eine Anpflanzung aus.

Einjähriges Rispengras 1

Hunds-Rose 2

Ruprechtskraut 3

Großer Sauerampfer 4

Sauerklee 5

Wald-Sauerklee ❶

Oxalis acetosella

Merkmale: Sieht aus wie ein sehr kleiner grüner oder purpurner Klee, der nur 5 cm hoch ist. Die gelben Blüten können ganzjährig erscheinen.
Bevorzugte Standorte: Die Pflanze ist überall zu finden, hat aber eine Vorliebe für Zwischenräume (Fliesen, Gehwegplatten usw.).
Bioindikationen: Dieser Sauerklee ist ein Generalist (und Ubiquist) und weist lediglich auf einen hohen Stickstoffgehalt in den obersten Bodenschichten hin.
Chancen/Schwierigkeiten: Da die Pflanze eher in Töpfen als im Freiland oder entlang von Mauerwerken zu finden ist, weist sie auf keine besonderen Vorteile hin.

Acker-Schachtelhalm ❷

Equisetum arvense

Merkmale: Grüne, verzweigte Stängel, die weich und biegsam sind und im Winter verschwinden. Pflanze bildet durch ihre tiefen Rhizome manchmal sehr große Kolonien.
Bevorzugte Standorte: Die Pflanze ist auf allen offenen Flächen, einschließlich Gemüsegärten und Gräben anzutreffen.
Bioindikationen: Dieser Schachtelhalm weist wie die anderen Schachtelhalme auf einen verdichteten Boden hin, der im Sommer in der Tiefe feucht oder sogar staunass ist, und das alles in kalkarmem Boden.
Chancen/Schwierigkeiten: Sein Vorkommen weist auf ein Potenzial für tief wurzelnde Bäume (Eichen, Platanen usw.) hin. Für einen Gemüsegarten ist eine Anreicherung mit organischen Stoffen und für einen Obstgarten eine Verbesserung der Dränage erforderlich.

Wiesen-Schafgarbe ❸

Achillea millefolium

Merkmale: Mehrjährige Staude, die einen Teppich aus fein gefiederten Blättern bildet und im Frühsommer weiß blüht.
Bevorzugte Standorte: Trockene Standorte in jeder Art von Boden, aber immer in der Sonne.
Bioindikationen: Lässt einen Mindestgehalt an organischen Stoffen im Boden vermuten (wächst selten auf schlechten Böden), zeigt aber vor allem Standorte an, die im Sommer trocken sind. Kommt auch an niedergetretenen Stellen vor.
Chancen/Schwierigkeiten: Weist auf gute Bedingungen für einen Garten mit sonnenliebenden Pflanzen hin. Möchte man einen Gemüsegarten hier anlegen, ist mit reichlicher Bewässerung zu rechnen. Eher günstig für Steinobstbäume.

Gewöhnliches Scharbockskraut ❹

Ficaria verna

Merkmale: Die Pflanze ist nur von Februar bis Juni sichtbar, hat herzförmige, glänzende Blätter und gelbe, sternförmige Blüten mit dunklen Unterseiten.
Bevorzugte Standorte: Kommt an vielen Stellen vor, aber immer im Schatten einer höheren Vegetation (Sträucher, Bäume, hohe Gräser).
Bioindikationen: Das Scharbockskraut ist bei Böden, die im Sommer beschattet sind, ein Bioindikator für einen hohen Wassergehalt in den Wintermonaten. Diese Bedingungen finden sich so ziemlich überall. Auch deutet es auf einen trockenen Boden im Sommer hin.
Chancen/Schwierigkeiten: Weist auf einen fruchtbaren Boden hin (reich an organischen Stoffen), jedoch im Winter feucht, er ist gut für den Gemüseanbau geeignet.

Viermänniges Schaumkraut ❺

Cardamine hirsuta

Merkmale: Kleine Pflanze mit eingeschnittenen Blättern, die beim Zerreiben nach Kresse riechen. Schleudert ihre Samen bei der geringsten Berührung weit weg.
Bevorzugter Standort: Jeder stickstoffreiche und feuchte Standort. Häufiger in Töpfen als im Garten, aber auch im Gemüsegarten.
Bioindikationen: Lässt auf einen guten Gehalt an Stickstoff und organische Stoffen im Boden schließen. Gibt keine Auskunft über die Bodenfeuchte im Sommer, weil die Pflanze einzieht (verschwindet).
Chancen/Schwierigkeiten: Die Fülle (in einem dichten Teppich) weist auf einen ausgezeichneten Boden für Gemüsegärten und Anpflanzungen hin, wobei die Dränage evtl. verbessert werden muss.

Wald-Sauerklee 1

Acker-Schachtelhalm 7

Wiesen-Schafgarbe 3

Gewöhnliches Scharbockskraut 4

Viermänniges Schaumkraut 5

Schöllkraut ❶

Chelidonium majus

Merkmale: Mehrjährige Staude von unterschiedlicher Größe, leicht erkennbar an ihrem orangefarbenen Saft.

Bevorzugter Standort: Häufig im trockenen Schatten, wo nur wenige andere Pflanzen wachsen.

Bioindikationen: Zeigt vor allem wiederkehrende Trockenheit des Bodens und eine gewisse Nährstoffarmut an. Eine Pflanze für lichtarme Standorte.

Chancen/Schwierigkeiten: Wo Schöllkraut in Kolonien wächst, ist der Boden sicher nicht sehr einladend für Bepflanzungen, außer für Zierpflanzen, die auf trockenen Schatten spezialisiert sind, sowie einige Koniferen oder Mahonien.

Gewöhnlicher Stechginster ❷

Ulex europaeus

Merkmale: Ein immergrüner Strauch mit stacheligen Blättern, der leicht zu erkennen ist. Schmetterlingsblütler mit leuchtend gelben Blüten im Spätwinter.

Bevorzugte Standorte: Heide, lichte Wälder, Hecken. Nicht häufig in Gärten.

Bioindikationen: Die Pflanze ist auf saure und kieselsäurehaltige Böden angewiesen („Kastanienerde"), braucht aber auch gut durchlässige und im Sommer sogar trockene Böden.

Chancen/Schwierigkeiten: Weist auf einen tiefgründigen Boden mit guter Fruchtbarkeit hin (nicht immer), ideal für Heidepflanzungen. Für einen Gemüsegarten ist eine Bodenverbesserung vorzusehen.

Vogel-Sternmiere ❸

Stellaria media

Merkmale: Die Vogelmiere ist ein vertrauter Gartenbewohner, der sich durch einen blassgrünen Blätterteppich und eine zarte Textur auszeichnet.

Bevorzugte Standorte: Kommt sowohl in Gärten als auch in Wäldern und im Offenland vor.

Bioindikationen: Die Vogelmiere ist sowohl ein Indikator für Stickstoffreichtum als auch für eine durch Hacken oder Umgraben freigelegte Erde, mehr aber auch nicht.

Chancen/Schwierigkeiten: Ihre Ausbreitung zeigt an, dass der Boden für den Gemüsegarten oder Zierpflanzungen geeignet ist. Sie sagt nichts über die Tiefe des Bodens oder die Entwicklung des Milieus aus.

Taubnessel ❹

Lamium album

Merkmale: Ähnelt entfernt der Brennnessel, unterscheidet sich jedoch durch die weißen Lippenblüten und den etwas strengen Geruch. Sie sticht bzw. brennt nicht.

Bevorzugte Standorte: Sie ist eher im Schatten in der Nähe von Gebäuden oder im Unterholz anzutreffen.

Bioindikationen: Die weiße Taubnessel ist charakteristisch für Böden, die reich an organischen Stoffen und leicht sind, so dass sie im Sommer eher austrocknen.

Chancen/Schwierigkeiten: Wo die Taubnessel gedeiht, empfiehlt sich die Anpflanzung von Zierpflanzen für Lichtungen (Halbschatten). Für den Gemüsegarten ist dies ein schlechtes Omen.

Acker-Vogelknöterich ❺

Polygonum aviculare

Merkmale: Die Pflanze wächst dicht am Boden mit dünnen, ledrigen Stängeln, die sich von einer Pfahlwurzel aus bis zu 1 m ausbreiten können. Die Blüten sind unscheinbar.

Bevorzugte Standorte: Liebt offene Stellen oder sogar nackte Erde.

Bioindikationen: Diese Pionierpflanze ist ein Hinweis auf freigelegte, stark betretene und eher trockene Böden hin.

Chancen/Schwierigkeiten: Ihr Vorkommen weist lediglich darauf hin, dass eine Bodenbedeckung (Mulch oder Bodendecker) nötig ist.

Schöllkraut ❶

Gewöhnlicher Stechginster ❷

Vogel-Sternmiere ❸

Taubnessel ❹

Acker-Vogelknöterich ❺

Gewöhnliche Waldrebe ❶

Clematis vitalba

Merkmale: Eine Kletterpflanze mit gestreiften Stängeln, die hoch aufsteigt (manchmal über 10 m). Die Früchte (zottig-fedrige Köpfe) sind leicht zu erkennen und bleiben lange an der Pflanze.
Bevorzugte Standorte: Jegliche Strauchgruppen, solange der Boden im Schatten liegt. Häufig in alten Hecken.
Bioindikationen: Die Pflanze benötigt sowohl eine geschlossene Deckung (Bodendeckung durch Strauchbestand) als auch einen Boden, der reich an organischen Stoffen und nicht zu trocken ist.
Chancen/Schwierigkeiten: Deutet auf einen günstigen Platz für alle Schattenpflanzen und junge Ziergehölze hin. Wo die Waldrebe sich wohlfühlt, sollten keine Obstbäume gepflanzt werden. Ausnahmen sind Walnussbäume.

Gewöhnlicher Wasserdost ❷

Eupatorium cannabinum

Merkmale: Große Pflanze, die entfernt an Hanf (Cannabis) erinnert. Sie bildet kräftige Stängel, die in zartrosa Dolden enden (eigentlich aus Blütenköpfen bestehende Schirmrispen).
Bevorzugte Standorte: An vielen Stellen in der Nähe von Wasserläufen und an Stellen, an denen sich Wasser ansammeln kann (Gräben, Tümpel usw.).
Bioindikationen: Weist auf einen reichen und tiefgründigen Boden hin, der jedoch sehr feucht oder sogar überschwemmt ist. Steht immer im Zusammenhang mit dem Vorhandensein einer großen Menge an organischer Substanz.
Chancen/Schwierigkeiten: Empfehlenswerter guter Boden für Zierpflanzungen wie Bambus oder Bäume, die frische Böden brauchen (Platanen, Pappeln). Für einen Obstgarten, abgesehen von Feigenbäumen, ist dieser Standort eher ungünstig.

Breit-Wegerich ❸

Plantago major

Merkmale: Die Pflanze wächst in einer Rosette aus breiten, eiförmigen Blättern mit etwa parallel verlaufenden Blattnerven. Die Blüten stehen in grünen, dünnen und ledrigen Ähren.
Bevorzugte Standorte: Kommt in verschiedensten Situationen vor, z. B. in Pflasterritzen, auf Rasenflächen, auf Wiesen mit nicht zu hohem Gras usw.
Bioindikationen: Weist auf einen zumindest an der Oberfläche (in den ersten 10 cm des Bodens) herrschenden hohen Stickstoffgehalt in Kombination mit einer Verdichtung der Oberfläche hin.
Chancen/Schwierigkeiten: Da es sich um eine Zeigerpflanze für die reine Bodenoberfläche handelt, sagt sie nichts darüber aus, was in der Tiefe des Bodens passiert. Zweifelsfrei muss der Boden tief gelockert und der Stickstoffeintrag eingeschränkt werden.

Mittlerer Wegerich ❹

Plantago media

Merkmale: Rosette aus am Boden liegenden Blättern mit parallelen Adern. Leicht erkennbare Blütenähren, die auf einem dünnen Stiel mit einer Art Schaft sitzen.
Bevorzugter Standort: An sonnigen, grasigen Stellen.
Bioindikationen: Dieser Wegerich ist markant für einen kalkhaltigen, trockenen (zumindest im Sommer) und armen Boden. Er ist ein Merkmal kalkhaltiger Rasenflächen.
Chancen/Schwierigkeiten: Das Vorhandensein dieses Wegerichs weist darauf hin, dass der Boden angereichert werden muss. Der Standort ist nicht geeignet für Pflanzen, die auf sauren Böden wachsen.

Kleinblütiges Weidenröschen ❺

Epilobium parviflorum

Merkmale: Unauffällige Rosetten aus länglichen Blättern, dann bilden sich dünne Stängel, die im oberen Bereich winzige Blüten mit einer langen Röhre tragen.
Bevorzugte Standorte: Alle Standorte mit sehr feuchter Erde, eher im Licht.
Bioindikationen: Sie weist auf sehr feuchte Böden hin, die vor allem stickstoffreich sind.
Chancen/Schwierigkeiten: Ihr Vorkommen ist ein Anzeichen für einen guten Boden, ein Paradies für prächtige Pflanzen, weniger für Obstbäume.

Gewöhnliche Waldrebe ❶

Gewöhnlicher Wasserdost ❷

Breit-Wegerich ❸

Mittlerer Wegerich ❹

Kleinblütiges Weidenröschen ❺

Vogel-Wicke ❶

Vicia cracca

Merkmale: Einjährige Kletterpflanze, die mithilfe von feinen Ranken klettert, mit zusammengesetzten Blättern und kleinen, violetten Schmetterlingsblüten.

Bevorzugte Standorte: Vor allem auf Wiesen, aber auch in der Nähe von Zäunen zu finden.

Bioindikationen: Wie alle Schmetterlingsblütler weist die Vogel-Wicke auf eine gewisse Stickstoffarmut und gute Lichtverhältnisse hin.

Chancen/Schwierigkeiten: Wo sie reichlich vorkommt, müssen Sie für eine Bodenverbesserung durch die Zufuhr von organischem Stickstoff sorgen.

Acker-Winde ❷

Convolvulus arvensis

Merkmale: Kleine krautige Kletterpflanze mit Ranken und trichterförmigen Blüten, rosa oder weiß. Klettert nicht höher als 1,20 m.

Bevorzugte Standorte: Alle sonnigen Standorte mit einer Vegetation, die nicht höher als 1 m aufragt, auch auf nacktem Boden.

Bioindikationen: Diese Winde ist vor allem ein Indikator für die Exposition (Sonne). Sie deutet auf eine gewisse Oberflächentrockenheit im Sommer hin.

Chancen/Schwierigkeiten: Die tiefe Verwurzelung zeigt an, dass Bäume und Sträucher gesetzt werden können, dass aber immer bewässert werden muss, auch bei einem Gemüsegarten.

Sonnwend-Wolfsmilch ❸

Euphorbia helioscopia

Merkmale: Kleine, hellgrüne Pflanze, die beim Abbrechen Milch ausscheidet. Bildet einen tellerförmigen Blütenstand mit Blüten, die für den Anfänger kaum sichtbar sind.

Bevorzugte Standorte: Überall im Garten und auf Grundstücken zu finden. Bevorzugt jedoch sehr gepflegte Flächen wie Gemüsegärten, Töpfe usw.

Bioindikationen: Die Pflanze hat kaum einen Nutzen als Indikator, sie zeigt einen geringen Stickstoffgehalt im Boden und regelmäßige Störungen (durch Bodenbearbeitung) an.

Chancen/Schwierigkeiten: Ihr Vorkommen weist auf eine gute Sonneneinstrahlung hin, da sie kaum im Schatten gedeiht, aber ihr Vorkommen allein ist nicht aussagekräftig.

Rotfrüchtige Zaunrübe ❹

Bryona dioica

Merkmale: Kletterpflanze, die eine dicke Wurzel bildet („Teufelsrübe"), unangenehmer Geruch. Die roten Beeren sind im Herbst an den weiblichen Pflanzen gut sichtbar.

Bevorzugte Standorte: Hecken, Sträucher und alle schattigen Anpflanzungen.

Bioindikationen: Die Zaunrübe kommt auf allen Böden vor, verweist aber auf einen schattigen Standort (dort keimt der Samen, der von Vögeln eingetragen wird).

Chancen/Schwierigkeiten: Diese Pflanze zeigt kein besonderes Potenzial auf, ist aber auf schlechten, wenig fruchtbaren Böden seltener zu finden.

Gewöhnliche Zaunwinde ❺

Calystegia sepium

Merkmale: Kletterpflanze, die im Winter einzieht, mit charakteristischen weißen Trichterblüten. Kann einen Strauch bis zu 2 m hoch überwachsen.

Bevorzugte Standorte: Häufig in Gärten, aber auch auf Ödland und in Wäldern auf Lichtungen zu finden.

Bioindikationen: Die Zaunwinde zeigt einen nährstoffreichen, frischen oder feuchten Boden an, der nicht zu stark verdichtet ist.

Chancen/Schwierigkeiten: Gärtner mögen diese Pflanze nicht, aber ihr Vorkommen weist auf einen sehr guten Gartenboden hin, insbesondere für den Gemüsegarten.

Vogel-Wicke ❶

Acker-Winde ❷

Sonnwend-Wolfsmilch ❸

Rotfrüchtige Zaunrübe ❹

Gewöhnliche Zaunwinde ❺

Grundlegende Tendenzen

Die Dominanz bestimmter Pflanzentypen liefert zusätzliche Informationen, denn das Vorkommen von Pflanzen mit großer Ähnlichkeit verbirgt oft ein wichtiges Merkmal des Lebensraums. Hier sind die Arten, die Sie in vielen Gärten antreffen können.

GRÄSER

Ihr Überfluss ist ein Zeichen für einen guten Stickstoffgehalt des Bodens. Wenn wirklich viele Gräser vorhanden sind, und zwar mehr Gräser als breitblättrige Pflanzen, dann verraten sie oft einen sauren Boden. Der Stickstoff ist dann in Form von Nitriten vorhanden. Der Gehalt an organischer Substanz kann reduziert sein. Ein Bodentest ist erforderlich.

Der Riesen-Schwingel ist ein Gras mit geringer Aussagekraft.

LEGUMINOSEN

Im Gegensatz zu den Gräsern kann ihr Überfluss durch einen stickstoffarmen Boden erklärt werden. Da diese Pflanzen den Luftstickstoff über die Knöllchen an ihren Wurzeln fixieren, sind sie in stickstoffarmen Böden sehr konkurrenzfähig. Man kommt nicht umhin, solche Böden kräftig zu verbessern (Kompost, Hornspäne).

Der Hornklee ist typisch für sehr kalkhaltige und sonnige Rasen.

ZWIEBELPFLANZEN

Wenn im Frühjahr Schwärme von Traubenhyazinthen, Weinbergs-Lauch, Milchsterne usw. erwachen, dann können Sie ziemlich sicher sein, dass es sich um einen im Sommer trockenen Standort mit einem ziemlich unstrukturierten Boden handelt (wenig Krümel, Verdichtung). Dies gilt nur für vollsonnig wachsende Blumenzwiebeln und nicht für Blumenzwiebeln, die im Unterholz stehen (wilde Hyazinthen, Schneeglöckchen usw.).

DORNIGE PFLANZEN

Ein mit Weißdorn, Brombeeren, Hunds-Rosen und anderen Dornbüschen bewachsener Boden weist lediglich auf eine alte, stark überweidete Parzelle hin. Der Boden selbst kann recht fruchtbar sein, aber das Gebiet war in der Vergangenheit zu vielen Weidetieren ausgesetzt. Hier haben Sie es mit einem hartnäckigen Wiederaustrieb von Dornbüschen zu tun, da deren Wurzeln sehr tief reichen können.

Wildrosen weisen häufig, aber nicht immer, auf Kalkstein hin.

Traubenhyazinthen verweisen auf eine wärmere Stelle als sonst in der Umgebung.

ROSETTENPFLANZEN

Pflanzen, die eine breite, auf dem Boden aufliegende Blattrosette bilden, bevor sie im nächsten Jahr blühen, haben eine tiefe Verwurzelung. Dies spricht für einen Boden mit einer guten Tiefenfruchtbarkeit. Eine üppige Rosette kann auch auf einen Boden hinweisen, der dazu neigt, nahe der Oberfläche auszutrocknen und nur in der Tiefe frisch zu bleiben. Auch übermäßiger Tritt kann Rosetten fördern.

Wenig aussagekräftige Unkräuter

Viele gewöhnliche Gartenpflanzen sind nicht sehr aussagekräftig. Sie spiegeln eher die Art und Weise wider, wie ein Ort kultiviert wird, nicht seine Qualitäten selbst. Lassen Sie sich nicht in die Irre führen!

LEICHTER SCHLAF

In jedem Garten und in noch stärkerem Maße an allen Orten, an denen die Erde bewegt wurde, werden Sie vertraute Pflanzen wie Vogelmiere, Löwenzahn, Bingelkraut usw. finden. Es handelt sich dabei um Pflanzen mit einem meist jährlichen Zyklus, die im Jahr ihres Keimens auch blühen und schnell verschwinden, wenn die Umwelt sich verändert. Diese Pflanzen, die häufig als Unkraut eingestuft werden, bilden die Kategorie „Hackfruchtunkräuter". Sie spiegeln lediglich die Aufrechterhaltung eines Ökosystems (der Anbaufläche) in seiner Anfangsphase wider, in der der Boden nackt bleibt und regelmäßig „wieder auf Null gesetzt" wird. Es handelt sich also um Pionierpflanzen, die verschwinden, sobald Stauden, Sträucher und Bäume beginnen, ihnen den Rang abzulaufen. Daher sollte man diesen Pflanzen nicht zu viel Bedeutung beimessen, auch wenn jede Pflanze ihre eigenen Vorlieben hat.

Die Stängelumfassende Taubnessel ist ein einjähriges Gewächs, typisch für den Hackfruchtanbau, jedoch nur auf sandigem Boden.

ÜBERFLUSS SCHADET NICHT

Der Indikatorwert dieser Pflanzen liegt eher in ihrer Dichte und ihrer Statur. Stehen sie dicht und hoch, so weisen sie auf einen stickstoffreichen, eher fruchtbaren Boden hin. Lückenhaft und vergleichsweise mickrig, verraten sie oft einen in tieferen Schichten geschädigten Boden (Erdaushub oder schlechte Erde). Die wichtigsten Unkräuter mit geringer Aussagekraft sind:

- Acker-Spark (*Spergula*)
- Ampfer (*Rumex*)
- Bingelkraut (*Mercurialis*)
- Brennnessel (*Urtica*)
- Amarant, Fuchsschwanz (*Amaranthus*)
- Gänsedistel (*Sonchus*)
- Gauchheil (*Anagallis*)
- Gewöhnliches Hirtentäschel (*Capsella bursa-pastoris*)
- Löwenzahn (*Taraxacum officinale*)
- Echte Rauke, Weg-Rauke (*Sisymbrium*)
- Senf (*Brassica, Sinapis*)
- Stängelumfassende Taubnessel (*Lamium amplexicaule*)
- Gewöhnliche Vogelmiere (*Stellaria media*)
- Weißer Gänsefuß (*Chenopodium album*)

Sonderfall: Mulchfreunde

Wenn der Boden mit kohlenstoffreichem, aber stickstoffarmem Mulch (Hackschnitzel, Späne, trockenes Stroh usw.) bedeckt wird, kommt es zu einer Stickstoffverarmung an der Oberfläche. Dieser Effekt, der als „Stickstoffhunger" bezeichnet wird, kann bis zu 2 Jahre anhalten. Er hängt damit zusammen, dass die Mikroorganismen im Boden den wenigen verfügbaren Stickstoff für die Zersetzung des Holzes aufbrauchen. Auch wenn dieser Unkrautvernichtungseffekt interessant ist, schafft er eine Nische für Pflanzen mit sehr tiefen Wurzeln: Kratzdistel, Sauerampfer, Kriechendes Fingerkraut (S. 38), Acker-Winde (S. 56), Bitterkraut usw. Diese Arten wurzeln tief genug, um dem Stickstoffhunger zu entgehen, und sind frei von jeglicher Konkurrenz. Unter diesen Bedingungen können sie sich gut vermehren.

Bingelkraut ist eines der häufigsten Unkräuter im Hackfruchtanbau, auf jeglichen Böden.

Hartnäckige Pflanzen, was nun?

Einige Pflanzen sind ein guter Indikator für… Ärger! Sie können sich sogar so weit ausbreiten, dass sie ein Grundstück überwuchern und jeglichen Anbau erschweren. Es gibt dafür aber mehr oder weniger wirksame Lösungen.

VERSCHIEDENE TYPEN

Rhizompflanzen: Diese Pflanzen sind die hartnäckigsten von allen. Hierzu gehören Quecke, Seggen (*Carex*), Aleppo-Hirse (*Sorghum halepense*), Schachtelhalm, Japanischer Knöterich… Auf kleinen Flächen (einige Quadratmeter) ist eine manuelle oder mechanische Entfernung möglich. Bei größeren Flächen ist eine undurchsichtige Bodenbedeckung (beim Japanischen Staudenknöterich mindestens 2 Jahre lang) oder eine mehrjährige Konkurrenz mit Pflanzen, die später entfernt werden, erforderlich. Das Ganze dauert in der Regel mehrere Jahre und kann bis zu 10 Jahre in Anspruch nehmen.

Pflanzen mit Zwiebeln und Knollen: Dies sind kleine Blumen mit fleischigen Speicherorganen. Die Pflanzen wuchern stark, bis sie den Boden bedecken, wie z. B. Lauch (vor allem *Allium triquetrum*), Scharbockskraut, Sauerklee (insbesondere *Oxalis debilis* und *O. pes-caprae*) und einige andere. Aus agronomischer Sicht sind sie nicht störend, können jedoch aus ästhetischer Sicht unerwünscht sein. Nur die Verwendung einer immergrünen Bodendeckerkultur kann diese Deckung einschränken, ohne sie jemals vollständig zu beseitigen.

Ausläuferbildende Pflanzen: Sie bilden einen sehr dichten Teppich, indem sie an den Knoten oder Enden Wurzeln schlagen, wie z. B. Gewöhnlicher Gundermann (*Glechoma hederacea*, links), Efeu, Brombeeren… Diese Pflanzen lassen sich in der Regel leicht manuell oder mechanisch entfernen, kommen aber sofort wieder zurück. Auf einer kleinen Fläche können Sie eine Mulchschicht mit einer Folie in Betracht ziehen. Ansonsten sollten Sie eine sehr konkurrenzstarke Bepflanzung (immergrüne Sträucher) vorsehen.

NICHT SO SCHLIMME UNKRÄUTER

Die in Gemüsegärten häufig vorkommenden unerwünschten Pflanzen – die Unkräuter – sind eine echte Ressource, sobald man einen Verwendungszweck für sie gefunden hat, z. B.:

- **Verzehr:** Insbesondere Kreuzblütler, Gänsefußgewächse und Korbblütler, aber auch die Große Brennnessel und die Vogelmiere sind essbar, wenn man junge Teile auswählt und darauf achtet, dass man sich keinen Parasiten aussetzt (insbesondere bei Parzellen, die von Füchsen aufgesucht werden). Zum Zweck des Verzehrs müssen Sie die Pflanzen genau kennen, da einige giftig sind (u. a Bingelkraut, Acker-Gauchheil und Blauer Gauchheil). Pflanzen, die ätherische Öle enthalten, sollten nicht übermäßig konsumiert werden.
- **Als Mulch verwerten:** Getrocknet und auf dem Boden ausgebreitet lassen sich viele Unkräuter und invasive Pflanzen sinnvoll als Mulch verwenden. Für Teile, die Wurzeln schlagen können (z. B. Rhizome), ist vorherige gute Trocknung erforderlich. Wenn die Pflanzenteile Samen tragen, ist eine vorherige Erhitzung erforderlich, z. B. im Sommer tagsüber unter Glas, wobei die Temperaturen mehrere Stunden lang über 60 °C steigen müssen.
- **Kompostieren:** Unkräuter liefern einen sehr guten Kompost, solange man die gleichen Vorsichtsmaßnahmen wie bei der Verwendung als Mulch beachtet. Die Kompostierung erfolgt aufgrund des hohen Stickstoffgehalts dieser Art von Material schnell, erfordert jedoch ein regelmäßiges Umsetzen oder eine ausgleichende Mischung mit kohlenstoffhaltigem Material (Stroh, Laub, zerkleinertes Holz ...).

Unkraut kann gegessen werden (oben), aber achten Sie darauf, dass Sie es richtig pflücken. Es kann auch ohne Samen auf dem Kompost landen, wie z. B. Beinwell (rechts).

KAPITEL 3

WEITERE BIOLOGISCHE INDIKATOREN

Zeigerpflanzen spiegeln den Zustand eines Bodens am getreuesten wider, wenn sie in ihrer Gesamtheit als Gemeinschaft betrachtet werden. Aber auch andere Lebewesen wie Pilze, Tiere, Flechten, Moose und viele andere tragen dazu bei, die biologische Dynamik eines Ortes zu bewerten. Vernachlässigen Sie sie nicht!

Bodenaktivität

Beim Versuch ein wahrheitsgetreues Bild vom Ist-Zustand eines Grundstücks zu erstellen, konzentriert man sich oft zu sehr auf das, was oberhalb des Bodens passiert, obwohl sich das Wesentliche eher unter der Oberfläche abspielt. Nehmen Sie sich die nötige Zeit, um abzuschätzen, wie lebendig Ihr Boden ist.

DREI WÜRMER SIND OK...

Die erste Untersuchung, die durchgeführt werden muss, betrifft die Würmer: In einem nicht zu sandigen oder zu lehmigen Boden sollten 1–2 Würmer auf ein Quadrat mit 10 cm Seitenlänge kommen. Dies schließt alle drei Typen von Würmern (epigäisch = mit organischem Material angereicherter Oberboden; endogäisch = im Wurzelbereich; anektisch = bis 2 m tief) ein, die nicht weiter unterschieden werden müssen. Eine Wurmdichte von weniger als 5 Würmern pro m^2 entspricht einem nicht mehr intakten, lahmen Boden.

FLIESSBANDARBEIT

Legen Sie den Boden frei, um zu erkennen, welche Tiere an der Zersetzungskette beteiligt sind, insbesondere solche, die man mit bloßem Auge sehen kann: Würmer, Insekten usw. Die Dicke der Streu selbst sagt nichts aus, denn man kann sowohl bei einer dicken Streu eine hohe biologische Aktivität finden als auch bei einem Boden, der nur mit einer schwachen Streulage bedeckt ist. Entscheidend ist sowohl die Vielfalt als auch die Anzahl. Führen Sie die Beobachtungen unterhalb der trockenen Schicht (oft Laub) und oberhalb dessen durch, wo die Erde heller wird. In der Regel ist das eine Lage von 10 cm Stärke. Bodenkundler nennen dies die Gesamtheit, die von den Horizonten (horizontalen Schichten) 0 und A gebildet wird.

Ihre Beobachtungen werden am ergiebigsten, wenn Sie sie im Herbst oder in milden Klimazonen sogar im Winter durchführen. Bodenkundler entnehmen häufig Proben und verwenden dabei einen sogenannten Berlese-Trichter: Der Trichter mit der auszuwertenden Erde wird unter ein Licht gestellt. Die Kleinlebewesen entweichen durch den Boden des Trichters und fallen in eine fixierende Flüssigkeit. Im Garten braucht man diese Technik nicht, außer für eine gründliche oder strengere Analyse im Expertenmodus.

Zwei Würmer, ein epigäischer (kleiner, dunkler) und ein endogäischer (heller), liegen über Kreuz.

Der Goldlaufkäfer ist ein Indikator für einen gesunden Garten: humose Streu (zersetzte organische Substanz), Boden mit biologischer Aktivität, wenig Verschmutzung.

INDIKATOREN FÜR EINEN GUT ENTWICKELTEN BODEN

Ein klassischer Gartenboden birgt eine eher enttäuschende Vielfalt, sowohl in Bezug auf die Menge als auch auf den Artenreichtum. Eine Bestandsaufnahme von 100 g des 0- und A-Horizonts bringt nur etwa 20 Tiere, was nicht sehr viel ist. Böden, die reich an organischen Stoffen sind und von stärkerem Umgraben verschont geblieben sind, bieten ein viel umfassenderes Bild, das bis zu 100 kleine Tiere (manchmal nur 1 mm lang) beherbergen kann. Und dann gibt es noch die Indikatoren für alte, nicht bearbeitete Böden. Das sind alle von Zersetzung lebenden Insekten, die in der Streu, also im Boden, leben, aber auch diejenigen, die sich um sie herum bewegen und sich von ihr ernähren, wie Laufkäfer und Raubinsekten, aber auch holzzersetzende Tiere (Käferlarven, kleine Schnecken usw.). Wer sie entdeckt, besitzt Garanten für einen lebendigen Boden, dessen Dynamik es zu erhalten gilt.

Tierische Indikatoren

In einem bewirtschafteten oder aufgelassenen Feld sind mehr oder weniger viele Tiere vorhanden. Mehr als die Identität der Individuen wird Ihnen deren Typus und vor allem deren Vielfalt und Häufigkeit wertvolle Hinweise liefern.

DIE AUSSAGEKRÄFTIGEN

Vögel, Säugetiere und generell große Tiere verdienen Aufmerksamkeit in Bezug auf den Unterschlupf, den man ihnen bieten kann. Sie gehören jedoch nicht zu den Lebewesen, die am meisten über den Zustand eines Bodens aussagen. Vielmehr zeugen sie von der Stabilität eines Ganzen – der Gesamtheit „Ökosystem Garten", was aber den Rahmen dieses Buches sprengen würde. Daher sind es vor allem die Bodenorganismen (siehe vorherige Seiten) und Insekten, die die meisten Informationen liefern.

BEZIEHUNG ZWISCHEN PFLANZEN UND INSEKTEN

Auf jeder Parzelle trifft man auf Allerwelts-Insekten wie die Stubenfliege oder die Feuerwanze (*Pyrrhocoris apterus*). Diese Insekten sind nicht charakteristisch, und ihre Häufigkeit ist zwar eine gute Sache, aber sie erlauben keine Rückschlüsse auf spezifische Bodeneigenschaften.
Mit ein bisschen Glück werden Sie aber auch auf besondere Insekten stoßen. Offensichtlich gibt es eine Verbindung zwischen den Pflanzen eines bestimmten Lebensraums und dem Insektenheer, das sich davon ernährt. Diese indirekte Bioindikation vermittelt einen guten Eindruck von der möglichen lokalen Bedeutung einer Pflanze (oder

Die Raupe des Jakobskreuzkraut-Schuppenfalters weist auf eine wenig verschmutzte Umgebung hin.

Der Quendel-Ameisenbläuling weist auf eine offene Umgebung mit eher kalkhaltigen Rasenflächen hin.

eines Pflanzentyps). Eine bestimmte Pflanze mag auf Ihrer Parzelle nur in geringer Anzahl vorkommen, aber die Menge der von ihr abhängigen Arten zeigt, wie gut sie entweder in der Umgebung verbreitet oder wie wichtig ihr Vorkommen auf Ihrer Parzelle ist.

Im ersten Fall gäbe es auf Ihrer Parzelle nur einige wenige Exemplare dieser Pflanze, aber in der näheren Umgebung ist diese Pflanze so gut etabliert und repräsentativ, dass sie dort eine große Fauna unterhält. Die Pflanze hat also einen höheren Bioindikatorwert als ihr bloßer Bestand bei Ihnen vermuten ließe. Im anderen Fall befände sich bei Ihnen der Großteil des Bestands der Pflanze, wenn auch nur in geringer Zahl, und auf diesen Pflanzen entwickelt sich die zugehörige Fauna. Auch hier hat die Pflanze große Bedeutung, denn es zeigt, dass sie eine zentrale Rolle spielt, selbst wenn sie nur in geringer Zahl auftritt. Dies sollte Sie übrigens dazu veranlassen, die Gestaltung und Pflege so auszurichten, dass diese Beziehung nicht beeinträchtigt wird, wenn sie empfindlich ist oder im Rückgang begriffene Arten einbezieht.

DIE INDIKATOREN OFFENER FLÄCHEN

Sie sind vor allem durch Solitärbienen (*Osmia*), Heuschrecken (*Orthoptera*) und alle Arten vertreten, die sich von Pflanzen in warmen und offenen Lebensräumen ernähren, z. B. der Quendel-Ameisenbläuling oder das Beilfleck-Rotwidderchen. Einige Insekten sind ausgezeichnete Indikatoren für warme Nanoklimata (siehe S. 96) auf manchmal nur 1 m^2 großen Standorten, an denen man sie antreffen kann. Wie beim Pflanzeninventar würde es sich auch bei den Bodeninsekten lohnen, ein Inventar zu erstellen.

Flechten, Moose und Algen

Über die Pflanzen mit Blättern und Blüten hinaus gibt es weitere Lebensformen, die weniger auffällig sind. Im Rahmen einer Diagnose sind sie jedoch nicht weniger interessant, vor allem, wenn sie in großer Zahl vorkommen.

FLECHTEN

Diese Symbionten zwischen Pilz und Alge sind den meisten wohlbekannt. Betrachten Sie sie genau, um die wichtigsten Typen zu erkennen:

- **Krustenflechten** (nebenstehend): Sie wachsen in einer mehr oder weniger schuppigen Kruste. Sie sind am widerstandsfähigsten gegen Verschmutzung.
- **Blattflechten** (Foliaceae): Sie bilden gelappte Lamellen, die sich oft überlagern. Diese Flechten sind recht empfindlich gegenüber Verschmutzung.
- **Lepröse Flechten:** Sie sehen pulverförmig aus und gehören zu den Krustenflechten. Die Borken-Schwefelflechte (Chrysothrix candelaris) entwickelt sich wie ein helles Pulver in den Ritzen der Borke. Sie sind zwar anfällig für Verschmutzung, aber weniger empfindlich als die folgenden.
- **Strauchflechten:** Sie bilden Mini-Sträucher, die an Ästen hängen oder am Boden wachsen. Sie sind sehr empfindlich gegenüber Umweltverschmutzung.

Im Allgemeinen weisen Flechten auf eine hohe Luftfeuchtigkeit hin, aber auch auf eine wenig aktive Unterlage. Auf Borke z. B. deuten sie darauf hin, dass der Träger rau ist und eine geringe Erneuerung der Borke stattfindet. Diejenigen Flechtenarten, die empfindlich gegenüber Luftverunreinigungen reagieren, sind aussagekräftige Bioindikatoren.

MOOSE

Bryophyten mit ihren bekannten Polstern sind vor allem Ausdruck für schwachen Lichteinfall am Boden. Im Garten wachsende Moosarten weisen auf eine oberflächliche Entkalkung der Erde hin. Sie lassen sich zwar auf kalkhaltigem Boden einer alten Rasenfläche, die von Bäumen beschattet wird, finden. Aber die ersten Zentimeter von oben sind sauer und kalkfrei, während die Situation in 20 cm Tiefe umgekehrt ist. Moose sind kein Indikator für das Alter eines Lebensraums, da sie bereits nach wenigen Monaten auftreten können. Im Rasen weisen Moose häufig auf einen geringen Gehalt an organischen Stoffen im Boden oder sogar auf einen verdichteten Boden hin.

Nostoc: Stickstoff und Feuchtigkeit sind hier reichlich vorhanden!

ALGEN

Sie kommen nicht nur in der aquatischen Umwelt vor. In den Gärten ist es vor allem die Grünalge *Pleurococcus vulgaris*, der man überall im Garten begegnet. Das Vorkommen deutet auf eine zumindest vorübergehende Feuchtigkeit sowie einen minimalen Stickstoffgehalt des Untergrunds hin. Aus diesem Grund lieben diese Algen die Außenseite von Blumentöpfen aus Ton. Auf der Rinde (aber auch an feuchten Hauswänden) kann man auf die rote oder ockerfarbene Spur der *Trentepohlia*-Algen stoßen. Diese besonderen Pflanzen geben kaum Auskunft über den Boden, sondern eher über die klimatischen Bedingungen wie Feuchtigkeit und vorherrschende Windrichtungen.

Lebermoose: feuchtere Stellen gibt es kaum.

SELTSAMKEITEN

Nostoc: In Frankreich einprägsam auch „Mondspucke" genannt, ist ein Bakterium (genauer gesagt ein Cyanobakterium), das auf feuchtem Boden gallertartige Klumpen bildet. Das Vorkommen deutet auf einen sehr hohen Stickstoffgehalt an der Bodenoberfläche hin. Nostoc bereitet in der Regel die Ankunft einer ersten Vegetation auf einem wenig aktiven, aber mineralstoffreichen Boden vor.

Lebermoose: Diese grünen, flachen Blättchen, die auf Feuchtflächen zu finden sind, gehören nicht zu den eigentlichen Moosen (Bryophyta). Ihr Vorkommen deutet ähnlich wie bei Nostoc auf eine sehr hohe (konstante) Feuchtigkeit sowie einen hohen Stickstoffgehalt hin, die Stellen sind aber stärker beschattet.

Pilze – ein Sonderfall

Es müsste ein Buch über Zeiger-Pilze geben, da diese Lebewesen so komplexe Beziehungen zu ihrer Umwelt unterhalten! Ihre Anwesenheit ist immer interessant, aber man muss die Wuchstypen erkennen, um ihre Bedeutung zu entschlüsseln.

ES GIBT PILZ UND PILZ

Pilze werden meist anhand ihres Vermehrungsorgans, dem Karpophor (Sporophor oder „Hut") erkannt. Dennoch gibt es einige Typen, die keinen Hut haben, wie Schimmelpilze und Hefen. Die Bedeutung der Pilzvielfalt sollte daher nicht unterschätzt werden. Insbesondere weil eine Reihe von Pflanzenkrankheiten (wie z. B. Rost) auch von Pilzen verursacht werden.

Mykorrhiza (weiße Fäden) an den Wurzeln einer im Topf gewachsenen Kiefer.

SYMBIONTEN

Symbiotische Pilze leben bevorzugt oder ausschließlich in Verbindung mit Wurzeln (oftmals von Bäumen). Sie gehören zu den Mykorrhiza-Pilzen, wobei manche Mykorrhiza-Pilze keinen Hut bilden oder über dem Boden nicht sichtbar sind (z. B. Trüffel). Ihr Vorhandensein deutet auf eine gute Bodenaktivität hin, aber auch auf eine gewisse Armut des Bodens an Wasser oder Nährstoffen, weshalb diese Verbindung zwischen Baum und Pilz besteht. Der Schmerling (oder Körnchen-Röhrling) zählt neben dem Milchling zu den häufigsten Gartenbewohnern dieser Kategorie. Am Rande eines Waldes kann man auf viele andere Symbiose-Pilze treffen, wie z. B. den Fliegenpilz, der an Birken beheimatet ist.

Der Schmerling ist ein Begleiter vieler Bäume, vor allem aber von Nadelbäumen.

Der eingerollte Trichterling ist typisch für Rasenflächen in der Nähe von Nadelbäumen (Zypressen und Thujen).

ZERSETZER

Die Zersetzer sind die zahlenmäßig größte Gruppe. Sie ernähren sich von Bestandteilen des Holzes: Lignin oder Zellulose. In Gärten ist es sehr üblich, dass man auf Wiesen-Champignons (*Agaricus campestris*) oder Trichterlinge, Boviste oder Nebelkappen usw. stößt. Die zersetzenden Pilze müssen mit Bakterien konkurrieren, die in kalkhaltigen und nicht sauren Böden im Vorteil sind. Auf sauren Böden (oder Böden, die ihr Kalzium verloren haben) sammelt sich die Streu an, so dass die Pilze begünstigt werden. Eine Fülle von Pilzen im Boden zeugt daher eher von einem sauren Boden oder einem Boden, dessen Kalzium in die Tiefe gewandert ist, womit eine geringe Aktivität der Bakterien einhergeht. Einige wenige Pilze können ohne Streu, auf fast nackter Erde oder in sehr kalkhaltigen Böden gedeihen. Ihr Vorhandensein deutet jedoch auf eine gute biologische Aktivität hin, ist also positiv zu bewerten.

PARASITEN

Die Parasiten entwickeln sich in den Gefäßen der Bäume und töten diese nach und nach ab. Der honigfarbene Hallimasch ist der gefürchtetste. Diese Pilze können nämlich wandern (das sind die schwarzen Fäden, die man auf Waldboden oder stark befallenem Boden antreffen kann), und zwar über Hunderte von Metern. Die Fruchtkörper entwickeln sich auf dem Baumstumpf oder am Stamm (dies ist bei Zunderschwämmen der Fall). Ihre Fülle ist ein Zeichen für eine schlechte Bodendränage, die die Wurzeln erstickt und das Eindringen der Pilze begünstigt.

KAPITEL 4

KENNE DEINEN BODEN

Zu verstehen, wie die Erde sich zusammensetzt, ist einer der wichtigsten Punkte im Garten, wenn nicht sogar der wichtigste. Er ist der Nutzung von Zeigerpflanzen ebenbürtig. Man kann diesen Punkt unmöglich ignorieren! Von der Art des Bodens hängt so viel ab, angefangen bei der Art des Projekts, das man umsetzen will. In diesem Kapitel werden Sie Ihren Boden immer detaillierter erforschen.

Bodenzusammensetzung

Beginnen wir mit ein wenig Theorie, damit Sie wissen, worauf Sie den Blick richten sollten. Die Erde ist ein komplexes Element und nicht so einfach zu erfassen wie die Temperatur.

EINE HEILIGE MISCHUNG

Gartenerde besteht der üblichen Klassifizierung zufolge aus drei Arten von Grundstoffen:

- **Ton:** Geologen sprechen von Feinstoffen („feine Partikel"). Diese feinen Partikel sind weniger als 2 Mikrometer groß. Ein menschliches Haar ist im Durchschnitt 50 Mal größer.
- **Schluff:** Dies sind etwas weniger feine Partikel, die zwischen 2 und 63 Mikrometer groß sind (das entspricht einem halben Haar für die größten Schluffpartikel).
- **Sand:** Diese Kategorie umfasst Korngrößen von 63 Mikrometer bis zu 2 mm Durchmesser.

BODENART

Je nachdem, wie reich Ihre Erde an einem dieser drei Grundstoffe ist, besitzt sie eine andere Textur. Alle Kombinationen sind möglich. **Lehm** ist beispielsweise eine Mischung aus Sand, Schluff und Ton zu etwa gleichen Teilen.
Einige Kombinationen finden sich viel häufiger als andere. Es gibt keinen Garten, dessen Boden ausschließlich aus reinem Sand oder reinem Ton besteht, es sei denn, Sie wohnen in einer ehemaligen Kiesgrube oder in einer Bentonitgrube

(eine Art Ton). Die Herausforderung besteht also darin, den Anteil der einzelnen Komponenten zu bestimmen.

MIT DEN HÄNDEN IN DER ERDE

Man spricht oft von Gartenerde, aber es wäre richtiger, sie in der Mehrzahl zu nennen. Die Struktur und die Bestandteile des Bodens können sich innerhalb einer sehr kurzen Strecke ändern. Wir haben schon Gärten mit sehr unterschiedlichen Adern gesehen, die innerhalb von wenigen Dutzend Zentimetern wechseln. Zudem wurde der Boden in den Gärten häufig über lange Zeiträume hinweg vom Menschen bearbeitet, wodurch sich seine Zusammensetzung lokal verändert hat. Geologen sprechen bei dieser Referenzbodengruppe von Technosolen. Alte Einträge oder Spuren von Erdarbeiten können die ursprüngliche Zusammensetzung des Bodens lokal verändern. Um ein genaues Bild Ihres Bodens zu erhalten, müssen Sie an verschiedenen Stellen Untersuchungen durchführen.

ALLES DRIN...

Zu den drei mineralischen Komponenten kommt eine vierte hinzu, die organische Substanz. Ihr Gehalt variiert stark, auch im Laufe der Jahreszeiten. Sie kann in verschiedenen Formen vorliegen, von denen sich zwei durch die folgenden Tests leicht erkennen lassen: **roh** (nicht abgebaut) oder **zersetzt**.

Die geometrischen Bruchkanten weisen auf einen hohen Tongehalt hin.

Der Klumpen nimmt die Form der Hand an: Die Erde ist sehr tonhaltig.

Wäre nicht eine Bodenanalyse eine gute Idee?

Ja, denn Sie sparen Zeit und eine unvoreingenommene Meinung ist nie vergeblich. Aber erwarten Sie keinesfalls, dass man Ihnen alles über Ihre Scholle erzählt. Sie müssen selbst Hand anlegen und dazu die Vegetation analysieren, um das Bild zu vervollständigen.

Eigenschaften des Bodens

Nach dem Sedimentationstest und der visuellen Prüfung können Sie normalerweise sagen, zu welcher Kategorie Ihr Boden je nach seiner Zusammensetzung gehört. Hier finden Sie die Eigenschaften der drei Grundstoffe, damit Sie wissen, was Sie erwarten dürfen.

TON

Aussehen (rein): Mit Wasser getränkt sehr teigig und formbar, in trockenem Zustand hart und brüchig. Sein Griff ist in feuchtem Zustand weich und schmierig und es gibt eine glänzende Schmierfläche wenn man mit den Fingern darauf reibt. Die Farbe ist oft ockerfarben, kann aber auch hell sein.
Varianten: Je nach Typus des Tons mehr oder weniger elastisch, manche kaugummiartig.
Physikalisches Verhalten: Tone sind sehr wasserspeichernd. Ihr Volumen variiert daher stark zwischen feuchtem und trockenem Zustand. Sie sind nicht imstande, ölige Flüssigkeiten zu absorbieren.
Landwirtschaftliches Verhalten: Lehm führt zu schweren, klebrigen Böden im Winter und harten Böden im Sommer. Lehm bildet (trocken) scharfkantige Klumpen. Die Wurzeln können nur schwer eindringen. Der Boden kann in geringer Tiefe (50 cm) sauerstoffarm sein und im Winter staut sich das Wasser eventuell nahe der Oberfläche.

Ton

Schluff

SCHLUFF

Aussehen (rein): Schluff ist etwas formbar in feuchtem Zustand. Im trockenen Zustand ist er ziemlich bröckelig. Er fühlt sich mehlig-samtig oder etwas seifig an, wenn man ihn feucht zwischen den Fingern reibt und es gibt keine glänzende Schmierfläche. Er haftet stark in den Fingerrillen. Er ist grau.

Varianten: Dunkler und weicher, wenn der Schluff organisch ist (aus Überschwemmungen in jüngerer Zeit).

Physikalisches Verhalten: Schluff hält das Wasser gut zurück, aber auch ein wenig ölige Flüssigkeiten. Sein Volumen ändert sich zwischen nassem und trockenem Zustand kaum. **Landwirtschaftliches Verhalten:** Wurzeln können sich leicht einen Weg bahnen. Der Boden ist im Sommer etwas hart, aber etwas Regen lockert ihn auf. Im Winter ist er leicht zu bearbeiten. Schluff bildet Klumpen mit wenig vorspringenden Ecken, die Klumpen zerfallen durch den geringsten Regen. Das Wasser staut sich nur in der Tiefe (mindestens in 1 m Tiefe und darunter).

SAND

Aussehen (rein): Immer „rieselnd“, egal ob trocken oder feucht. Er fühlt sich kratzig an, wenn er zwischen den Fingern gerieben wird, und er haftet nicht in den Fingerrillen.

Varianten: Es gibt kalkhaltige Sande, die weißer als andere sind, aber die meisten haben einen nur geringen Kalziumgehalt.

Physikalisches Verhalten: Das Volumen ändert sich nie. Sand absorbiert die zähesten Flüssigkeiten, sofern er gut getrocknet ist. Sehr empfindlich bei Auswaschung, d. h. der Mitnahme von löslichen chemischen Substanzen in die Tiefe durch Wasser und Schwerkraft.

Landwirtschaftliches Verhalten: Wurzeln können darin sehr große Entfernungen zurücklegen, ohne sich stark zu verzweigen. Der Boden ist nie hart, auch nicht im trockensten Sommer. Er bildet nie Klumpen und ebnet sich von selbst ein, ohne dass es des Regens bedarf. Wasser kann hier nur stehen, wenn es zu einem Grundwasserspiegel gehört, der im Winter nahe an die Oberfläche steigt.

Den eigenen Boden untersuchen

Die erste Kontaktaufnahme mit einem Boden beginnt durch eine sorgfältige Inaugenscheinnahme. Verlassen Sie sich nicht blind auf Ihre Intuition. Auf jeden Fall lernt man immer etwas dazu, wenn man das bekannt geglaubte Fleckchen Erde gründlich untersucht.

EIN KLEINER SCHRITT FÜR DEN GÄRTNER…

Machen Sie es wie die Pedologen, die Bodenkundler: Jede Untersuchung beginnt mit dem Ausheben eines Grabens. Dazu müssen Sie 1–2 m in die Tiefe gehen. Sollten Erdarbeiten wie z. B. beim Bau eines Hauses geplant sein, wird Ihnen die Sache natürlich auf einem Tablett serviert. Ansonsten müssen Sie richtig arbeiten. Heben Sie dazu einen Graben aus, der mindestens 30 cm breit und so tief wie möglich ist. Sie werden feststellen, dass sich mit zunehmender Tiefe die Farbe rasch ändert, ebenso wie die Textur. Hier kommen Ihre Informationen zusammen.

SCHNITT DURCH DIE HORIZONTE

Ein Boden besteht in seiner Gesamtheit aus Schichten, die als Horizonte bezeichnet werden. Sie sind mehr oder weniger dick, aber immer relativ leicht von den benachbarten Horizonten (darüber und darunter) anhand der Farbe und/oder Textur zu unterscheiden. Der erste Horizont ist die Streu, wenn der Boden nicht nackt ist: Diese Schicht, auf der Sie normalerweise umherlaufen, besteht aus totem Laub oder Humus und ein wenig Erde.

Erdarbeiten öffnen ein Fenster in den Untergrund: Seien Sie dabei, wenn es darum geht, Informationen über die Tiefen Ihrer Fläche zu sammeln.

Sie ist oft dunkel und selten dicker als 5–10 cm. Darunter befindet sich mindestens ein Horizont unterschiedlicher Stärke, bevor man auf das Mutter- bzw. Ausgangsgestein trifft. Dieses Gestein ist die harte und kompakte mineralische Basis, die dem Boden die meisten seiner Eigenschaften verleiht. Zwischen dem Oberflächenhorizont und dem Muttergestein liegen oft zwei bis drei Zwischenhorizonte. Nehmen Sie von jedem dieser Horizonte eine etwa 2–3 kg schwere Probe, da es interessant sein wird, die Eigenschaften dieser Horizonte zu untersuchen.

Notieren Sie während Ihrer „Reise in die Tiefe", was Sie beobachten, insbesondere:

Feuchtigkeitsverteilung: Sie werden schnell feststellen, ob es einen deutlichen Unterschied gibt je nach Tiefe und ob der Boden gut oder schlecht dränierter ist.

Farbe des Bodens: Je dunkler der Boden ist, desto reicher ist er an organischen Stoffen und Eisenoxid. Die Färbung kann bei sandigen Böden auch weiter unten zu finden sein, da Oxide und Humus in die Tiefe ausgewaschen werden.

Vorhandensein von Wurzeln und wie weit Sie auf diese stoßen: Die Grenze zeigt Ihnen den Bereich, der von den Pflanzen genutzt werden kann.

Existenz von Adern wie Kies oder Ton: Dies spielt eine wichtige Rolle bei Ableitung oder Stauung von Wasser in der Tiefe.

Art und Weise der Abfolge der Horizonte: Scharf (abrupter Übergang) oder unscharf (fließend). Scharfe Übergänge deuten darauf hin, dass der Boden die Wurzeln blockieren könnte, da sie sich an den verschiedenen Texturen verletzen können.

Tests für den Hausgebrauch

Oft genügt es nicht, wenn Sie Ihre Erde an Ort und Stelle betrachten, denn es gibt noch viel mehr darüber zu erfahren, wie z. B. ihre Zusammensetzung und Textur. Beugen Sie sich also ein wenig näher zum Boden und nehmen Sie die Erde in die Hand, um wertvolle Informationen zu erhalten.

MIT DEN HÄNDEN IN DER ERDE

Nichts ist besser, als eine kleine Menge Erde (1–2 kg) zu handhaben. Nehmen Sie die Erde in die Hand und versuchen Sie, sie zu zerbröckeln, indem Sie sie zwischen den Fingern zerreiben. Achten Sie darauf, ob die Erde weich, rieselnd, formbar oder brüchig ist, ob sie Kieselsteine und Schotter enthält usw. Allein dadurch können Sie feststellen, ob der Boden leicht zu bearbeiten ist oder im Gegenteil schwer und kompakt ist. An dieser Stelle erfahren Sie noch nichts über die Fruchtbarkeit des Bodens. Diese wird Ihnen durch die Vegetation auf dem Boden angezeigt (siehe S. 58). Zögern Sie auch nicht, an der Erde zu schnuppern. Sie sollte einen frischen, neutralen Geruch haben oder im besten Fall nach Waldhumus riechen. Ein unangenehmer, saurer und ausgeprägter Geruch kann ein Hinweis auf eine schlechte Dränage sein. Das in der Erde angestaute Wasser begünstigt anaerobe Bakterien (die sich ohne Sauerstoff entwickeln), was je nach Fall zu einem muffigen oder vergorenen Geruch führt. Dann muss die Entwässerung auf den Arbeitsplan.

BETRACHTEN SIE DIE ERDKLUMPEN

Indem Sie die Form der Erdklumpen betrachten, wenn die Erde bewegt wird, ergänzen Sie Ihre Erkenntnisse:

- Bei sehr kleinen Klumpen mit rieselnden Komponenten ist die Erde eher sandig, leicht. Sie neigt dazu, ihre Nährstoffe durch Auswaschung in die Tiefe zu verlieren.
- Sind die Klumpen groß und eher rundlich, dann ist die Erde lehmig. Diese Erde neigt dazu, sich zu verdichten.

HEISSER ESSIG ALS KALZIUMDETEKTOR

Mit diesem Test lassen sich sogenannte alkalische Stoffe (auch Basen genannt), d. h. Kalzium und Magnesium, entdecken. Gießen Sie etwa 100 ml gewöhnlichen Essig mit einer Temperatur von 50 °C auf 100 g Boden. Schützen Sie sich unbedingt vor den Dämpfen, die stark reizen. Beobachten Sie das Aufblähen. Feine Blasen, die nach weniger als 20 Sekunden zerfallen, deuten darauf hin, dass Ihre Erde wenig kalkhaltig ist. Wenn sich große Blasen bilden und das Sprudeln länger als 1 Minute anhält, ist Ihre Erde sehr kalkhaltig. Dazwischen ist Ihre Erde mittelstark kalkhaltig. Sie können noch einen Schritt weitergehen und Basen (Kalzium, Magnesium) in Ihrem Boden quantitativ bestimmen. Dafür benötigen Sie jedoch eine kleine chemische Ausrüstung (Messkolben und Präzisionswaage). Die Durchführung des Versuchs ist einfach, erfordert aber einige Chemiekenntnisse auf Abiturniveau und würde den Rahmen dieses Buches sprengen. Im Internet finden Sie verschiedene Anleitungen.

Je kantiger die Klumpen, desto tonhaltiger ist die Erde.

Eine helle Farbe verrät Kalk, aber nicht immer! Die Art und Weise, wie der Boden bei Austrocknung aufreißt, lässt jedoch keine Zweifel.

WASSERSTOFFPEROXID ALS DETEKTOR FÜR ORGANISCHE STOFFE

Mit diesem einfachen Test können Sie das Vorhandensein von organischem Kohlenstoff im Boden nachweisen. Es handelt sich um einen qualitativen Test (Abwesenheit/Anwesenheit), den Sie jedoch mit Hilfe einer Stoppuhr quantifizieren können. Geben Sie 1 Esslöffel Wasserstoffperoxid auf eine Probe von 2 Esslöffeln Erde, die in einer Tiefe von 5 cm entnommen wurde und feucht (aber nicht nass) ist. Die klassische 3 % Wasserstoffperoxid-Lösung ist ausreichend. Starten Sie sofort die Stoppuhr. Wenn sich keine Blasen bilden oder so wenige, dass kaum Zeit zum An/Aus der Stoppuhr bleibt, ist Ihre Erde sehr arm an organischen Stoffen. Wenn das Blubbern länger als 1 Minute anhält, dann enthält Ihre Erde viel organisches Material. Ein Blubbern von 15–20 Sekunden ist bereits eine gute Nachricht. Achten Sie darauf, dass die Blasenbildung sehr fein ist.

Ton und Humus

Diese beiden Komponenten bestimmen die Fruchtbarkeit eines Bodens. Die Bestimmung ihres Vorkommens ist daher entscheidend, um das Potenzial Ihres Bodens einzuschätzen und Maßnahmen zu erwägen, um ihn fruchtbarer und lebendiger zu machen.

ERSTER ANSATZ: ROLLENTEST

Dieser einfache Test besteht darin, dass Sie eine Handvoll Erde (ohne Steine) nehmen und diese zu einer Rolle mit einem Durchmesser von etwa 3 cm und einer Länge von 15 cm kneten. Formen Sie diese Rolle dann zu einem Ring, als ob Sie mit Knetmasse spielen würden. Der ungefähre Tonanteil spiegelt sich im folgenden Ergebnis:

- es ist unmöglich, eine Rolle zu formen: weniger 10 % Ton
- der Ring bricht bei einem Viertel des Verschlusses: 15–20 % Ton
- der Ring bricht bei einem halben Verschluss: 20–25 % Ton
- der Ring bricht bei drei Vierteln des Verschlusses: 25–30 % Ton
- ein vollständiger Ring lässt sich formen: mehr als 30 % Ton.

Der Klumpen zerfällt (oben): Die Erde ist ziemlich sandig.
Der fast vollständige Ring (unten) zeigt einen sehr hohen Tongehalt an.

GENAUERER ANSATZ: SEDIMENTATION

Lösen Sie 200 g Erde (möglichst grob gesiebt) in 1 l Wasser auf. Rühren Sie das Ganze kräftig um, um die Erde in Suspension zu bringen und beobachten Sie die Sedimentation, d. h. die Art und Weise, wie sich die Erde absetzt. Die schwereren Bestandteile setzen sich zuerst ab, gefolgt von den immer feineren Bestandteilen. Dieser Klärvorgang ist immer sehr informativ.

Messen Sie die Sedimentation, bis sich die Situation nicht mehr ändert:

- Weniger als 5 Stunden: Der Ton ist vom Kaolinit-Typ (sehr fein, speichert wenig Wasser).
- 5–12 Stunden: Der Ton ist vom Illit-Typ (Ton von guter Qualität).
- Mehr als 12 Stunden: Der Ton ist vom Montmorillonit-Typ (sehr schwer und klebrig).

Achten Sie auf die Farbe der flüssigen Phase, da sie die Menge an Humus anzeigt:

- Weiß bis hellgelb: Die Erde enthält sehr wenig Humus.
- Dunkelgelb (wie mittelstark aufgebrühter Tee): Die Erde enthält eine gute Menge an Humus.
- Braun bis schwarz: Die Erde ist reich an Humus.

Die **Transparenz** zeigt Ihnen außerdem, ob die Erde feine Tone enthält (weniger durchsichtig) oder nicht (durchsichtige Flüssigkeit).

Schauen Sie sich schließlich noch an, was auf der Oberfläche der Flüssigkeit schwimmt. Schwimmende Elemente sind unzersetztes organisches Material. Je mehr davon vorhanden ist, desto weniger ist der Boden biologisch aktiv.

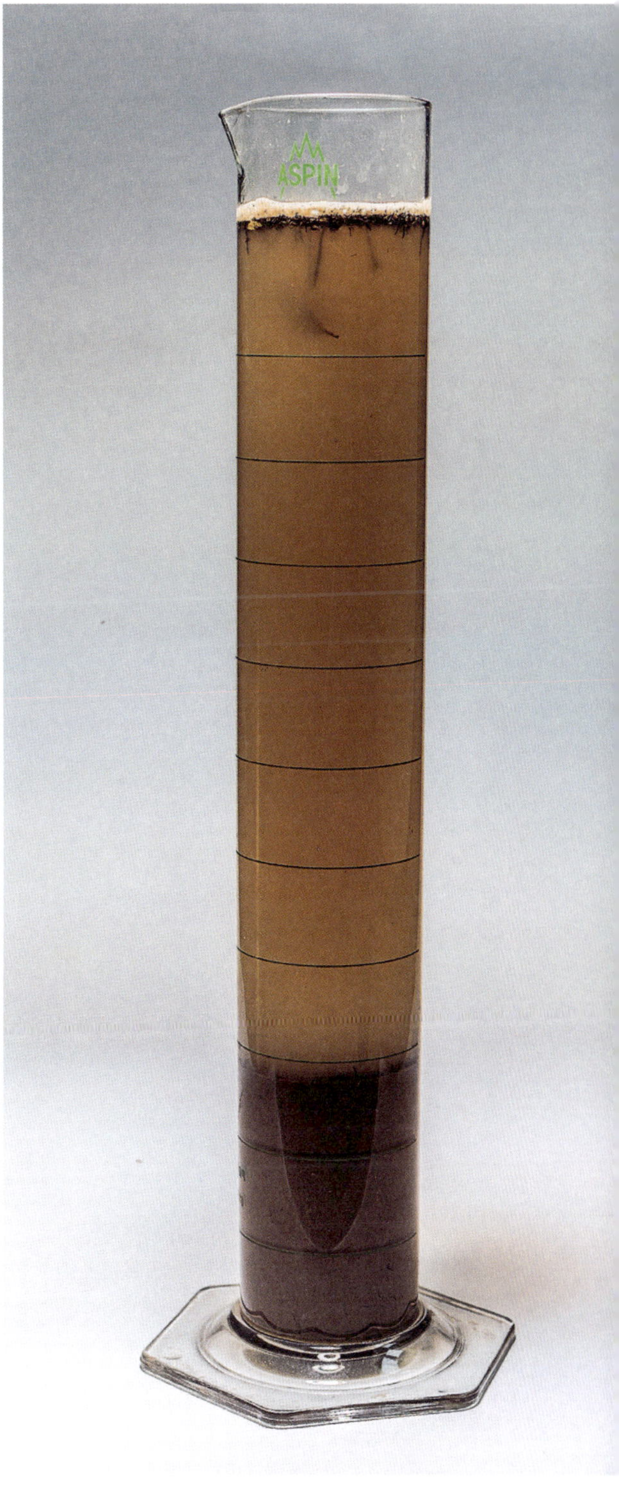

Huminsäure färbt das Wasser braun und bildet hier eine schwarze Schicht, die man zwischen der flüssigen und der festen Phase erahnen kann.

Etwas genauer: Speicherkapazität

Man kann noch weit mehr tun, um die Eigenschaften des Bodens (parallel zur Nutzung der Zeigerpflanzen) zu entschlüsseln. Man braucht dazu bestimmte Geräte. Aber Achtung: Ein falscher Versuchsaufbau oder eine versagende Ausrüstung könnte zu falschen Messergebnissen führen.

SCHÄTZUNG DER SPEICHERKAPAZITÄT

Für diesen Test benötigen Sie lediglich eine ziemlich genaue Waage, wie sie normalerweise in der Küche verwendet wird, und eine alte Feinstrumpfhose.

- Nehmen Sie eine Schaufel voll Erde, die zerbröckelt ist. Sieben Sie die Erde, um sie von groben Bestandteilen zu befreien (alles, was größer als ein paar Millimeter ist).
- Lassen Sie den Boden einige Tage trocknen. Führen Sie den Trocknungsprozess weiter, indem Sie die zerbröckelte Erde in den Backofen stellen: 2–3 Stunden bei 60 °C (Umluft oder bei halb geöffneter Ofentür) und abkühlen lassen.
- Nehmen Sie 1 kg davon, so genau wie möglich abgewogen, und geben Sie diese Menge in die Strumpfhose. Verknoten Sie die Strumpfhose fest und tauchen Sie sie vorsichtig eine Viertelstunde lang in Wasser.
- Nehmen Sie die Strumpfhose vorsichtig aus dem Wasser und lassen Sie sie 1 Stunde lang abtropfen.
- Wiegen Sie alles: Das Gewicht muss nun mehr als 1 kg betragen und die Differenz stellt (grob gesagt) die kurzfristige Speicherkapazität Ihrer Erde dar.

Das Wasser ist nicht für die Pflanzen verfügbar und es handelt sich um eine Schätzung. Diese Größenordnung hilft Ihnen herauszufinden, ob Ihre Erde viel Wasser speichern kann oder nicht.

ACHTUNG, FAULER ZAUBER!

Seien Sie vorsichtig mit kleinen Apparaten, die in Geschäften und im Internet zu sehr niedrigen Preisen, in der Regel zwischen 10 und 20 €, angeboten werden. Sie werden als Geräte zur Messung des pH-Wertes und der Bodenfeuchtigkeit angepriesen, können aber aus mehreren technischen Gründen (unmögliche Kalibrierung, falsche Elektrodenkonfiguration und keine gute Messleistung bei Feststoffen) nicht als zuverlässig angesehen werden, insbesondere bei der Messung des pH-Wertes. Es handelt sich hierbei um Spielereien, die im besten Fall nichts nützen und im schlimmsten Fall irreführend sind. Nicht zu empfehlen!

Den Boden nur in die Hand zu nehmen, kann irreführend sein, wenn es um seine tatsächliche Speicherfähigkeit von Wasser geht.

Wenn gewöhnliche Gräser lange Wurzeln treiben, ist die Speicherkapazität wahrscheinlich schlecht.

Welchen Wert haben die Geräte?

Eine ernsthafte Annäherung an die physikalischen und chemischen Eigenschaften des Bodens erfordert den Einsatz von Geräten, insbesondere wenn Sie viele Standorte oder denselben Standort über einen längeren Zeitraum beobachten wollen. Das offenbar brauchbarste Gerät ist ein pH-Messgerät, das Ihnen den Säuregrad des Bodens viel genauer anzeigt als ein selbst durchgeführter Test oder die im Handel erhältlichen Farbstreifen. Aber es gibt noch etwas Besseres: ein Leitfähigkeitsmessgerät. Dieses Gerät zeigt Ihnen den Gehalt an gelösten Feststoffen und damit den Reichtum Ihres Bodens. Es erfordert ein wenig Übung und die Fähigkeit, die Ergebnisse zu interpretieren, aber es ist ein übliches Werkzeug für Landwirte. Ein guter Kompromiss ist die Kombination von pH-Meter und Leitfähigkeitsmessgerät.

KAPITEL 5

TOPOGRAFIE UND KLEINKLIMA DES GARTENS

Ein Garten lässt sich nicht auf eine Tabelle mit Zahlen reduzieren. Obwohl das schon eine Menge Angaben liefert. Ein einfaches Stück Land ist vielen physikalischen Phänomenen unterworfen. Einige davon sind dynamisch und verändern sich mit der Zeit, andere nicht.

Topografie

Dies ist eine physikalische Eigenschaft, die sich nicht von selbst ändert, zumindest nicht im Laufe eines Menschenlebens. Von allen Merkmalen ist die Topografie wohl am leichtesten zu verstehen.

HÄNGE

Wirklich flaches Land existiert nicht. Selbst wenn es sich um einen sehr kleinen Maßstab handelt, ist Gelände immer ein wenig abschüssig. Es gibt Vertiefungen und Buckel. Bei sandigem Gelände ist die kleinste Erhebung stets trockener als der Rest. Wenn der Boden jedoch tonig oder lehmig ist, wird selbst die kleinste Vertiefung das Wasser aufnehmen. So können sich die Bedingungen im Abstand von nur wenigen Zentimetern deutlich unterscheiden. Sie können diese Unterschiede mit einer Wasserwaage, die Sie nicht direkt auf den Boden, sondern auf ein großes Brett legen, sichtbar machen. Je länger das Brett ist, desto besser können Sie das Gefälle schätzen.
Handelsübliche Laserwasserwaagen sind in diesem Fall wenig hilfreich. Zum einen, weil die herkömmlichen Modelle einen draußen schlecht sichtbaren Strahl aussenden und zum anderen, weil sie dazu dienen, sehr feine Neigungen (im Millimeterbereich) zu erkennen. Ein Geländeprofil ist zu unterschiedlich, als dass diese Geräte hier sinnvoll wären.

NATÜRLICHE INDIKATOREN

Regen-Ereignisse liefern Ihnen eine Fülle von Informationen. Bei starkem Regen sollten Sie die Vertiefungen sehen können, in denen sich das Wasser sammelt, und vor allem die Richtung in der es abfließt. Sintflutartige Gewitter sind in dieser Hinsicht sehr informativ, da sie den Boden sättigen und die normalerweise eher verborgenen Abflüsse sichtbar machen. Manchmal werden Sie feststellen, dass ein Teil des Gartens mehr oder weniger vorübergehend überflutet ist.

Der alte Vermesser-Trick

Der Trick, um ein Gefälle über eine lange Strecke zu erkennen, erfordert einen langen durchsichtigen Gartenschlauch, der so lang wie das Grundstück ist. Außerdem werden zwei Personen benötigt. Sie füllen den Schlauch, indem Sie beide Enden hochhalten, bis der Schlauch voll ist. Jeder geht in seine Richtung und hält das Ende des Schlauches hoch genug, damit er sich nicht entleert. Die Schwerkraft bewirkt, dass der Wasserspiegel an beiden Enden immer gleich hoch ist. Bei flachem Gelände werden beide Personen das Wasser im Schlauch auf demselben Niveau sehen (oder indem sie den Wasserstand im Verhältnis zum Boden messen). Wenn dies nicht der Fall ist, dann gibt es ein Gefälle. Durch Messung der Differenz erfahren Sie, wie stark das Gefälle ist. Diese Methode ist sehr genau. In der Geschichte haben es die alten Landvermesser nicht anders gemacht.

Ein Südhang (oben) und eine schlecht dränierte Mulde (unten) könnten nicht gegensätzlicher sein. Beides zu haben ist ideal.

Sonneneinstrahlung und Lage

Die Tageslänge für Ihren Standort ist in Internet-Ressourcen verfügbar. Dazu gibt es noch die Helligkeit, die ausschließlich von der Umgebung abhängt. Hierfür müssen Sie selbst nachforschen.

OFFEN ODER VERDECKT?

In der Umgebung eines Gartens können große Hindernisse wie Bäume, Gebäude usw. stehen. Diese Elemente spielen unweigerlich eine bedeutende Rolle für die Lichtmenge, die zu den Kulturen gelangt. Es stellt sich nur die Frage, wie stark der Einfluss ist. Man kann intuitiv erkennen, was direkten Einfluss hat: Hecken oder Gebäude. Zeichnen Sie einen Plan des Grundstücks und markieren Sie darauf den vorhandenen Bestand wie Mauern, Bäume, Gehölze und Hecken. Geben Sie den Süden und Norden an. Die maximale Sonneneinstrahlung ist im Süden und der maximale Schattenwurf nördlich der Elemente. Alles hängt dann von ihrer Höhe und von der Jahreszeit ab. An diesem Punkt könnten die Dinge kompliziert werden, denn der Schattenwurf ist im Winter länger (da die Sonne weniger hoch am Horizont steht) und im Sommer weniger ausgedehnt. Hinzu kommt, dass der Lauf der Sonne über den Himmel je nach Breitengrad variiert. Rechnen Sie im Allgemeinen mit einem Schattenwurf, der in etwa der Höhe der einzelnen Elemente entspricht, wobei der Schatten im Sommer kürzer und im Winter länger ausfällt. Wenn Sie Sonnenkollektoren installieren oder ein Haus auf einem von Bäumen umgebenen Grundstück bauen wollen, reicht diese Annäherung nicht aus und Sie müssen ins Detail gehen!

SONNE UND SCHATTEN „KARTOGRAFIEREN“

Nachdem Sie diese kleine Übung durchgeführt haben, können Sie den durchschnittlichen Schlagschatten für jedes Element einzeichnen. Sie müssen dabei nicht zu sehr ins Detail gehen. Elemente, die kleiner als 2 m sind, können vernachlässigt werden, insbesondere wenn das Grundstück groß ist. Wichtig ist, dass Sie feststellen, welche Bereiche am hellsten sind und welche permanent im Schatten liegen werden. Es ist klar, dass der Gemüsegarten nicht in letzteren Bereichen angelegt werden sollte, sondern in den ersten! Es sei denn, andere Elemente der Diagnose stehen dem entgegen: Dann greift die Kunst der Synthese, wie wir später noch sehen werden (siehe S. 110)

Eine alte Eiche trocknet nicht nur den Boden aus, sondern verringert auch die Sonneneinstrahlung auf die darunter stehenden Pflanzen…

VERSION FÜR GARTENPROFIS

Wenn Sie wirklich bis zum Äußersten gehen wollen, was die Helligkeit betrifft, können Sie nicht beim Kompass und der Skizze auf Papier bleiben. Sie müssen den Computer bemühen. Im Internet gibt es eine Fülle von Ressourcen, um den Lauf der Sonne je nach Jahreszeit zu visualisieren, und das direkt auf dem Luftbild Ihres Grundstücks. Diese Art von Tool ist sehr wertvoll, da es die tatsächliche Ausrichtung der Grundstückselemente aufzeigt, die durch die Topografie oder einfach die so fehlbare menschliche Intuition verzerrt sein kann.

NÜTZLICHE ANWENDUNGEN

Es gibt zwei Arten von Anwendungen, die Sie auf Ihr Smartphone herunterladen können und die Ihnen gute Dienste leisten. Die erste, wie „Lux Meter", verwandelt Ihr Telefon in ein Luxmeter, d. h. ein Instrument zur Messung des Lichtstroms (der Beleuchtungsstärke). Es ist nicht sehr genau, aber reicht aus, um die Helligkeit an verschiedenen Stellen im Garten festzustellen. Volle Sonne (mittags, im Sommer und im Freien) kann uns 120 000 Lumen aussetzen, während ein Raum im Haus nur 600 Lumen erhält. Sie werden merken, dass selbst der schattigste Ort im Garten heller ist als ein Zimmer im Haus!

Eine andere Art von nützlicher Anwendung, wie der „Sun Surveyor", ermöglicht es Ihnen, den Lauf der Sonne zu sehen, auch wenn diese nicht sichtbar ist. So können Sie feststellen, ob eine Hecke die Sonne blockiert oder wie hoch manche Sträucher maximal sein sollten, damit sie die Sonne nicht zu sehr abschirmen. Umgekehrt ist auch klar, wie hoch Bäume wachsen dürfen, um im Sommer einen bestimmten Bereich vor direkter Sonneneinstrahlung zu schützen.

Wind und Windströme

Die Luftzirkulation ist ein Parameter, der das Leben im Garten strukturiert. Weniger beachtet als die Sonne, spielt der Wind dennoch eine wichtige Rolle. Es ist daher von großer Bedeutung, die Windrichtungen der vorherrschenden Winde zu ermitteln.

NICHT ÜBERALL NÜTZLICH

Die Intensität des Windes variiert stark in Abhängigkeit vom Gelände. Es bedarf einer minimalen Topografie, damit sich Winde entwickeln können. Das Relief beginnt ab einem Höhenunterschied von 50 m (Hügel oder Hang) eine Rolle zu spielen. Bei Wasserflächen fallen die Dimensionen noch größer aus: Sie müssen mindestens 2 km lang sein, um einen wirklichen Effekt auf das lokale Klima zu haben. An Orten, die von Mauern oder dichten Hecken umgeben sind, wird der Wind jedoch keine Rolle spielen.

FÜLLE UND LEERE, IHRE AUSWIRKUNGEN AUF DIE WINDVERHÄLTNISSE

Das Vorhandensein von Bäumen oder Hecken spielt eine Rolle für den Wind. Wenn diese Elemente jedoch durch Freiflächen getrennt sind, haben sie einen geringeren Effekt. Die flache offene Landschaft wird übrigens definiert als Raum, bei dem die herausragenden Elemente (Bäume, Gebäude) durch freie Flächen getrennt sind, die mindestens 40 Mal so breit sind wie die Höhe der herausragenden Elemente. Wenn Hecken also 10 m hoch sind (wie die im Languedoc), haben sie bei einem Abstand von mindestens 400 m keinen Einfluss auf den Wind.

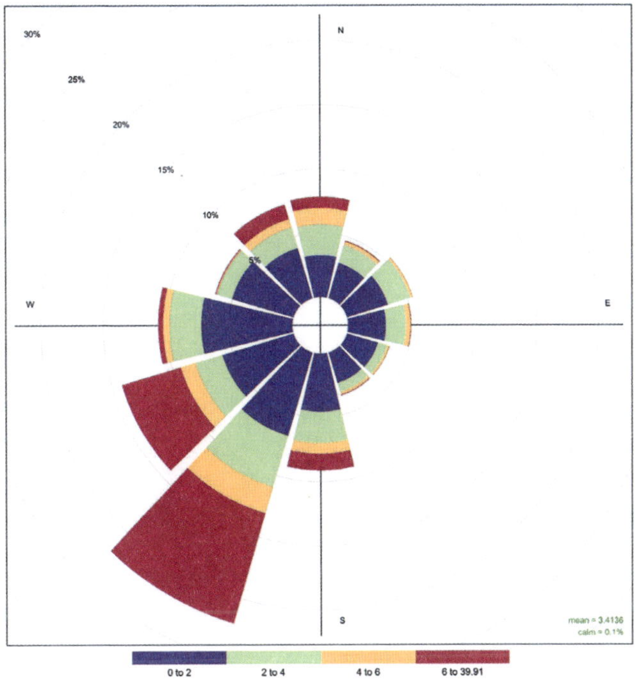

Winddiagramm
Jedes Viertel zeigt die Windhäufigkeit (hier am häufigsten aus Südwest) und die Windstärke (ebenfalls aus Südwest) an. Dieses Diagramm ist nur für einen einzigen, definierten Ort gültig.

DER WETTERHAHN UND SEINE GRENZEN

Dieser alte Glockenturmschmuck ist in Vergessenheit geraten und überlebt nur noch in den Gärten. Dieses einfache Instrument zeigt die aktuelle Windrichtung an und sonst nichts. Die Richtung kann man eher erahnen als messen und die Windstärke wird nicht von der Windfahne angezeigt. Und natürlich ist sie nur bei Tageslicht nützlich. Als Blickfang sind Windfahne und Wetterhahn ein nettes Element, aber für eine echte Diagnose sollten Sie sich nicht auf sie verlassen.

JAGD NACH DEM WIND

Es gibt zwei Parameter für Winde: ihre Richtung und ihre Stärke. Jeder Ort ist einem oder mehreren vorherrschenden Winden unterworfen, die jedoch unterschiedlich stark sein können. Zur Messung von Stärke und Richtung des Windes existiert nur ein Instrument: der Anemometer. Es gibt mechanische Ausführungen, aber die meisten sind heute digital. Die Winddaten lassen sich sammeln und auf einen Computer übertragen. Die zuverlässigsten Modelle nutzen Ultraschall.

DAS WINDDIAGRAMM – EIN WERTVOLLES WERKZEUG

Wenn Sie die Richtung und Stärke des Windes für mindestens 1 Jahr messen, können Sie aus den Daten ein bei Klimaforschern Winddiagramm genanntes Bild zeichnen. Dabei handelt es sich um eine Windrose, auf der für jede Richtung die Häufigkeit und Stärke der gemessenen Winde vermerkt ist. Das Winddiagramm zeigt, woher die Winde an einem bestimmten Ort kommen und welche Winde am stärksten sind. Es gibt zwei Möglichkeiten, ein solches Diagramm zu erhalten, entweder durch eine zur Aufzeichnung ausgestattete eigene Wetterstation oder durch den Kauf von einem Anbieter.

Temperaturen

Ach, die Gärtner und ihre Thermometer! Das ist eine lange Geschichte, und zwar aus gutem Grund: Die Temperatur ist einer der am stärksten bestimmenden Parameter für die Vegetation. Anders gesagt, sie ist *der* Parameter, den man zum erfolgreichen Gärtnern kennen muss.

TEMPERATUR – GAR NICHT SO EINFACH!

Wenn man die Temperaturen auf einem Feld so gut wie möglich kennen will, muss man ein wenig methodisch vorgehen. Paradoxerweise ist die Temperatur nämlich bei der Messung ein komplizierter Parameter. Das Instrument, das die Temperatur anzeigt, ist einfach, aber die Interpretation ist es nicht: Wenn Sie auf ein Thermometer schauen, sehen Sie eine Momentaufnahme, die sich innerhalb von Minuten ändern kann, sowohl nach oben als auch nach unten. Dabei ist nicht nur die minimale oder maximale Temperatur von Interesse, sondern auch (oder sogar vor allem) die Geschwindigkeit, mit der sie sich ändert. Ein einfaches Thermometer zum Aufhängen ist nützlich, aber es wird Ihnen diese Information nicht liefern, es sei denn, Sie messen die Temperatur regelmäßig. Es ist besser, ein elektronisches Thermometer zu verwenden, das diese Aufgabe für Sie übernimmt.

NICHT NUR 1 THERMOMETER, SONDERN VIELE

In den meisten Fällen misst das Aufnahmethermometer die Temperatur nur an einem bestimmten Ort. Ihr Grundstück wird jedoch zwangsläufig Schwankungen aufweisen, die größer sind, als Sie denken. Was im Schatten liegt, erwärmt sich langsamer, kühlt sich aber auch langsamer ab und erreicht dabei niedrigere Temperaturen als anderswo. Dies können Sie nur feststellen, wenn Sie mehrere Thermometer (mindestens 2) an verschiedenen Stellen im Garten aufstellen. Es gibt unabhängig arbeitende Miniatur-Thermometer, die die Temperatur nicht nur an verschiedenen Stellen des Grundstücks überwachen, sondern auch die Geschwindigkeit, mit der sie sich ändert. Diese müssen von Anfang an gut synchronisiert werden. Für die Verwendung von mehreren Thermometern gelten unabhängig von deren Technisierungsgrad weitere Vorsichtsmaßnahmen. Stellen Sie sicher, dass die Thermometer kalibriert sind, d. h. dass sie die gleiche Temperatur anzeigen, wenn sie unter den gleichen Bedingungen eingesetzt werden. Andernfalls verfälscht sich Ihre Diagnose, weil ein Thermometer eine höhere oder niedrigere Temperatur anzeigt als die tatsächlich herrschende.

INTUITION

Temperaturschwankungen innerhalb der Grundstücksfläche lassen sich leicht feststellen, wenn der erste Frost auftritt. Gehen Sie früh am Morgen nach draußen, um die Stelle zu finden, an der Morgenfrost zuletzt verschwindet. Die Schneeschmelze ist noch leichter zu erkennen, wird aber ein immer selteneres Ereignis. Wärme ist im Sommer visuell

Felsen in voller Sonne sind ein ausgezeichneter Standort für Pflanzen mit mediterranem Aussehen.

sehr schwierig zu erkennen. Die Verdunstung von Wasser nach einer Bewässerung oder einem leichten Regen ist ein Zeichen. Sie hängt aber auch von der Beschaffenheit der Oberfläche ab: Durchlässige Stellen, auch wenn sie kälter sind, vermitteln den Eindruck, dass das Wasser dort schneller verdunstet. Wenn Sie durch den Garten gehen, spüren Sie die Temperaturunterschiede vielleicht ganz gut. Dieses Gefühl ist jedoch nicht zuverlässig, da die Rezeptoren in der Gesichtshaut eine Empfindlichkeit haben, die je nach Temperatur und Geschwindigkeit der Veränderung, der sie ausgesetzt sind, variiert. Zusammenfassend lässt sich sagen, dass Sie sich nicht auf Beobachtungen verlassen sollten, um Temperaturunterschiede auf einem Grundstück zu erkennen.

Dort, wo der Schnee zuletzt schmilzt, sollten Sie keinesfalls die kälteempfindlichen Pflanzen setzen.

Jahreszeitliche Beobachtungen

Müssen Sie 365 Tage im Jahr an Ihrem Thermometer kleben? Glücklicherweise nicht. Aber es gibt Zeiten, die wichtiger sind als andere und es kommt stets darauf an, was Sie wissen möchten …

KRITISCHE MOMENTE

Von allen Jahreszeiten sind Frühling und Herbst die Zeiträume mit den größten Temperaturschwankungen. In diesen Monaten sollten Sie die Temperatur besonders genau beobachten. Wo sind die Stellen, an denen die Luft in der Nacht am stärksten abkühlt? Wo kann deshalb das Risiko von Früh- oder Spätfrösten entstehen? Um das herauszufinden, gibt es keinen besseren Weg als ein Thermometer mit Aufzeichnungsfunktion. Stellen Sie es an einem kritischen Ort auf: nicht zu sonnig und eher windgeschützt, d. h. außerhalb der Reichweite von Faktoren, die die Messung stören oder verfälschen könnten. Die Messungen sollten mindestens 2 Wochen lang erfolgen, um ein getreues Bild der Temperaturentwicklung im Laufe des Tages in einer bestimmten Jahreszeit zu erhalten.

TEMPERATURLISTEN JA, ABER NICHT IM ÜBERMASS

Jeden Tag die Temperatur an einem bestimmten Ort zu notieren, erweist sich immer als informativ. Es lohnt sich, dies ein Jahr lang zu tun, aber beginnen Sie nicht mit einer Aufzeichnung, die für Jahre gedacht ist. Sie werden sich daran gewöhnen und schon bald werden Sie instinktiv verstehen, wie sich die Temperaturen in Ihrem Garten im Laufe des Tages und der Jahreszeiten verändern.

Rasengras braucht 30 Gradtage, um zu keimen: ein Tag bei 30 °C oder 30 Tage bei 1 °C, für das Gras macht das keinen Unterschied.

Die korrekte Temperatur (offizielle Methode) wird unter einem Schutzdach, 2 m über dem Boden, über einer Rasenfläche gemessen. Um einen Vergleich anstellen zu können, ist eine einheitliche Messmethode erforderlich.

NULLEN UND TEMPERATURGRADE

Der **Vegetationsnullpunkt:** Dies ist die Temperaturschwelle, unterhalb derer eine Pflanze nicht mehr wächst und oberhalb derer Wachstum möglich ist. Dieser Wert gilt unabhängig vom Entwicklungsstadium der Pflanze. Er ist jedoch für jede Pflanze einzigartig und kann nicht allgemein definiert werden. Häufig liegt er über 0 °C. Beispielsweise liegt der Vegetationsnullpunkt bei Bohnen bei 15 °C, bei Tomaten bei 12 °C, für Kartoffeln bei 6 °C und bei Gras bei 0 °C. Diese praktische Angabe ist leider nur für einige Pflanzen, überwiegend Gemüse, verfügbar.

Gradtage: Dies ist eine Zahl, die die Kombination von Zeit und Wärme angibt, die ein Organismus (eine Pflanze oder ein Schädling) benötigt, um den kompletten Lebenszyklus zu durchlaufen. Je kühler die Temperatur, desto länger ist diese Zeit. So bringt jeder Tag ein individuelles Äquivalent an Gradtagen, mehr oder weniger abhängig von der täglichen Hitze: Es handelt sich um die Anzahl der gemessenen Grad über einem Schwellenwert (z. B. 6 °C für die Kartoffel) multipliziert mit der Anzahl Stunden, die über diesem Schwellenwert liegen. Auch diese Angabe ist praktisch, da sie es ermöglicht, die Entwicklung eines Organismus unter Berücksichtigung des Temperatureffekts zu verfolgen. Zum Beispiel benötigt die Kartoffel 1650 Gradtage: Da sie ab 6 °C (ihrem Vegetationsnullpunkt) wächst, benötigt sie 1650 Tage, wenn die Temperatur nicht über 7 °C steigt, aber nur 87 Tage bei 25 °C. Dieser Wert wird wie folgt berechnet: 1650÷(25-6). Diese Gradtage werden von einigen automatischen Stationen berechnet, aber auch einige Websites geben sie an.

Thermometer wollen klug gewählt sein

Sie werden nicht umhin kommen, in Temperaturmessgeräte zu investieren. Dabei sollten Sie von Anfang an die richtige Wahl treffen, um Geldverschwendung und unnötige Anschaffungen zu vermeiden.

WELCHE TECHNOLOGIE?

Vergessen Sie zunächst Spielereien wie diese billigen dekorativen Thermometer. Sie sind nicht kalibriert und die angezeigte Temperatur kann um mehrere Grad von der tatsächlichen Temperatur abweichen (ganz abgesehen davon, dass sie oft in Ländern hergestellt werden, in denen die Umwelt- und Sozialvorschriften uns zu Komplizen bestimmter Formen von Ausbeutung machen!). Bevorzugen Sie daher ein zuverlässiges Gerät, das nur ein bisschen mehr kostet. Einfache Thermometer (Alkoholthermometer) geben, wie wir gesehen haben, eine Momentantemperatur an, die nicht sehr nützlich ist. Modelle mit Mini- und Maxi-Thermometer, die in Gartencentern erhältlich sind, eignen sich gut, um die Temperaturextreme an einer bestimmten Stelle zu ermitteln... mehr aber auch nicht. Ihnen dürfte also klar sein, dass Sie ein elektronisches Gerät benötigen, das die Daten aufzeichnen kann.

DIGITALE THERMOMETER

Für ein paar Dutzend Euro finden Sie viele Thermometermodelle, die die Außentemperatur kontinuierlich messen können. Denken Sie an die Möglichkeit, die Daten abzurufen und auf

einem Bildschirm Ihrer Wahl anzuzeigen. Dieser Punkt würde den Rahmen dieses Buches sprengen, aber Sie werden sicherlich ein Modell finden, das Ihrem Budget und Ihrem Typ entspricht (technikbegeistert oder nicht, spielerisch oder seriös usw.). Unsere Erfahrung empfiehlt Ihnen, kein zu teures oder zu fortschrittliches Modell zu kaufen, da Sie sowieso nur einen Teil der möglichen Funktionen verwenden werden.

EIN THERMOMETER DER ZUKUNFT

Es gibt ein ganz besonderes Thermometer: das Feuchtkugel-Thermometer (hier rechts). Es ist doppelt: Es besteht aus einer klassischen Mess-Säule, neben der eine weitere Säule angebracht ist, deren Basis (die Feuchtkugel) jedoch von einer dicken Gaze umhüllt ist. Diese Gaze muss mit Wasser oder Alkohol getränkt sein. Dieses zweite Thermometer, also das mit der nassen Kugel, gibt in Abhängigkeit von der Luftfeuchtigkeit eine andere Temperatur an als das erste. Dieser Unterschied hat mehrere Funktionen. Im Herbst und Frühling kann man damit die Gefahr von Morgenfrost erkennen. Es gab früher übrigens eine Version dieses Thermometers, das Pagoskop. Abhängig von der „trockenen" Temperatur und der Differenz zur „nassen" Temperatur wurde auf einer Skala das Frostrisiko abgelesen. Die andere Nutzung betrifft die menschliche Gesundheit, diesmal im Sommer. Die nasse Temperatur bestimmt das Risiko, dem der Mensch ausgesetzt ist. Ab 27 °C gilt: Je höher die Temperatur in Verbindung mit höherer Luftfeuchtigkeit, desto größer ist die Gefahr für den Menschen (Hitzschlag). Bei einer Temperatur von 36 °C und einer Luftfeuchtigkeit von über 70 % ist ein Hitzekollaps garantiert. Und bei 10 % mehr Luftfeuchtigkeit dauert es nur wenige Minuten, bis Sie sterben. Der Wert wird als „Hitzeindex" bezeichnet und dürfte künftig zur sommerlichen Wettervorhersage gehören. Die feuchte Temperatur kann auch berechnet werden, wenn das Trockenthermometer mit einem Hygrometer kombiniert wird: Automatische Stationen machen dies sehr gut, aber es gibt auch Modelle mit Ziffernskala.

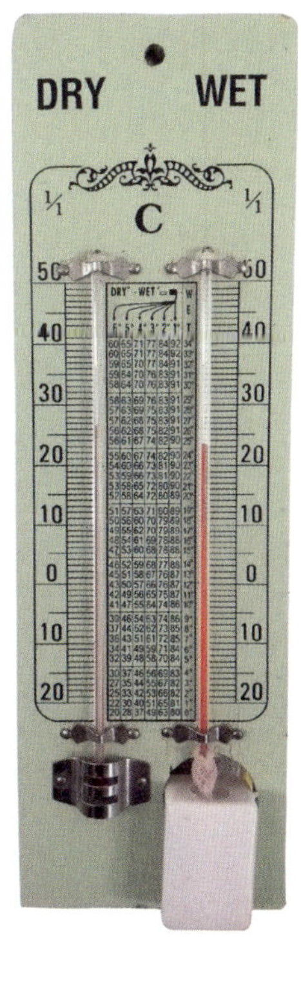

Heckentheater, Klimakarussell

Gehölzreihen haben einen großen Einfluss auf die meteorologischen Bedingungen (z. B. Wind) in einem Garten und langfristig auch auf sein Mikroklima (z. B. Kühlung durch Transpiration).

WENN DER WIND BOCKSPRINGEN SPIELT

Bei Wind wirkt eine Hecke als Bremse. Eine lockere Hecke lässt einen Teil des Windes durch und lenkt einen Teil nach oben ab. Sie reduziert die Windstärke effektiver als eine zu dichte Hecke. Wenn die Hecke zu dicht ist, wirkt sie wie eine Mauer. In diesem Fall wird der Wind in die Höhe abgelenkt und überquert die Hecke. Dahinter entsteht eine Verwirbelung oder Windwalze. Um eine Parzelle effektiv vor Wind zu schützen, sind daher mehr kleine Hecken besser als eine große Hecke. Die Parzelle muss aufgeteilt werden, um zu verhindern, dass der Wind zurückfällt. Drei Hecken von 3 m Höhe im Abstand von 3 m schützen genauso gut wie eine einzige Hecke von 10 m Höhe. Im Gegensatz dazu gibt es eine kleine, unbelebte Zone am Fuß der Hecke (oder Mauer), die wie ein Luftkissen wirkt, das auf die Oberfläche gedrückt wird und von dem die Luft abprallt. Die Filterhecke, die einen Teil des Windes abfängt und die Windgeschwindigkeit reduziert, hat solche Luftpolster nicht.

Lockere Hecken (wie hier Gold-Holunder und Blasenspiere) verlangsamen den Wind, dichtere lassen ihn zurückprallen.

ABLEITUNG DES WINDES

Ist eine Hecke vorhanden, so zeigt sie eine weitere Wirkung, sofern das Gelände ein Gefälle von mehr als 5 % hat. Ohne starke Windströme fließt kalte Luft, ähnlich wie Wasser, in Richtung des tiefsten Punktes. Diese Bewegung erfolgt ziemlich langsam, da Kaltluft eine zähe Masse ist. Eine quer zum Hang verlaufende Hecke verhindert die Bewegung der kalten Luft nach unten. Oben ist die Temperatur somit niedriger als unten. Die kalte Luft sammelt sich am Fuß der Hecke wie in einer Rinne und läuft schließlich über, sofern die Masse nicht durch einen starken Luftzug in Bewegung gebracht wird. Wenn in der Hecke eine Lücke wie z. B. ein Durchgang vorhanden ist, dann verhält sich diese offene Stelle mit der Kaltluft wie der Abfluss einer Spüle mit Wasser: Ein Sog, kälter als die Umgebung, entsteht. Derartige Phänomene lassen sich nur mithilfe einer Infrarot-Kamera sichtbar machen – ein noch kostspieligeres Gerät.

BAUMKRONEN-EFFEKT

Unter einem Baum- oder Strauchdach wird der Boden durch eine Laubdecke vom Himmel abgeschirmt. Diese Schicht reicht aus, um die Infrarotstrahlen des Himmels zu blockieren. Im Sommer wird dadurch die Erwärmung des Bodens begrenzt. In Verbindung mit der Verdunstung (Evaporation) von Wasser über die Blattoberfläche senkt dies die Bodentemperatur um 5 °C oder mehr, verglichen mit vollsonnigen Standorten. Im Winter geschieht das Gegenteil: Das Laub verhindert, dass der Boden nachts Wärme durch Abstrahlung verliert. Es begrenzt auch die kalte Strahlung, die von der eisigen Luft ausgeht. Die Vegetationsdecke führt zu einem Wärmegewinn an der Erdoberfläche. Der Temperaturunterschied ist jedoch viel geringer als im Sommer: 1–2 °C wärmer als auf freier Fläche, aber nicht mehr.

Niederschläge

Regen ist ein großes Thema für Gärtner. Auch wenn man es manchmal kaum glauben möchte, es regnet nicht mehr oder weniger als bei den Nachbarn. Um Ihr Stück Land diesbezüglich genau zu kennen, brauchen Sie nicht viel.

BEGRENZTE AUSWIRKUNGEN

Auf jedem noch so großen Grundstück fällt überall die gleiche Wassermenge, abgesehen von statistischen Zufälligkeiten. Es gibt jedoch eine Ausnahme: in der Nähe von hohen Gebäuden. Gebäude mit einer Höhe von mehr als 15 m verändern lokal die Winde und erzeugen Wirbel, die den aus kleinen Tröpfchen bestehenden Regen stören. In diesem Sonderfall kann es Bereiche geben, die trockener sind als andere.

Das komplizierteste ist… die Bodenfeuchtigkeit

Zu den nützlichen Parametern der Bodenkunde gehört die Fähigkeit des Bodens, Wasser durchzulassen und zu halten. Hierfür gibt es ein Instrument, das Bodenhygrometer. Das Gerät misst, wie leicht der elektrische Strom durch die Erde zwischen zwei Elektroden fließt. Geräte, die feststellen, ob eine Pflanze durstig ist, funktionieren auf gleiche Weise. Zumindest in der Theorie. Denn die Messung der Bodenfeuchtigkeit ist eine der kompliziertesten Messungen überhaupt. Sie wird durch Dünger, die Art des Grundgesteins und die Temperatur gestört. Vergessen Sie den Technik-Schnickschnack aus dem Handel!

Ein echter Niederschlagsmesser: breit, gut positioniert, nicht in der Nähe von Bäumen und Gebäuden.

Mini-Wetterstationen sind nicht ganz zuverlässig, zeigen aber Tendenzen an.

EIN NIEDERSCHLAGSMESSER, ABER NICHT FÜR DIE DIAGNOSE

Die Installation eines Niederschlagsmessers ist für eine Diagnose selten notwendig. Bei der täglichen Gartenarbeit ist es jedoch anders: Nur der Regenmesser sagt Ihnen, wie viel es geregnet hat. Kleine, kostengünstige Modelle sind unzuverlässig, da sie zu schmal sind. Kleine Regenfälle werden nicht erfasst oder falsch gemessen. Zuverlässige Regenmesser haben eine Öffnung von mindestens 20 cm. Eine gute Übung wäre es, den Regenmesser am letzten Tag eines jeden Monats zu leeren. Es gibt auch digitale Regenmesser, doch ihre Wartung ist schwierig. Als Information für Technikbegeisterte: Man kann damit Regendiagramme erstellen, wie z. B. die Intensität des Regens in Abhängigkeit von der Zeit (ein sog. Hyetogramm).

SIND MINI-WETTERSTATIONEN NÜTZLICH ODER NICHT?

Wer die Temperatur misst, den Wind verfolgt und andere Parameter auswertet, kann sich fragen, ob nicht eine kompaktere oder sogar vollständigere Ausrüstung nötig wäre. Diese Frage richtet sich eher an Profis. Die Hersteller bieten mehr oder weniger komplette Modelle an. Seien Sie vorsichtig, dass Sie es nicht mit irgendeinem technischen Tand zu tun haben. Dessen verwendete Materialien sehen zwar attraktiv aus, sind aber nicht unbedingt für eine lange Lebensdauer gedacht. Und die eingebauten Instrumente sind meistens nicht sehr zuverlässig. Für ein zuverlässiges Modell müssen Sie mit mehr als 500 € rechnen. Wenn Sie in der „Oberliga" mitspielen wollen, sind professionelle Modelle für mehrere tausend Euro üblich, mit Standards für die Installation, damit die Daten denen anderer Geräte vergleichbar sind. Im Internet finden Sie Netzwerke von Enthusiasten, aber die Messung von Wetterbedingungen ist nicht der eigentliche Zweck.

Nanoklima

Innerhalb eines Gartens gibt es einen noch kleineren Maßstab als den, der häufig bedacht wird. Es handelt sich nicht um die Abweichungen von einem Ende des Gartens zum anderen, sondern manchmal nur um die Unterschiede auf wenigen Zentimetern.

KLEINER ALS DAS MIKROKLIMA

Oft wird von einem Mikroklima gesprochen, um anzuzeigen, dass an einem bestimmten Ort andere Bedingungen herrschen als in der Umgebung. Dieses Mikroklima beschränkt sich oft auf den Einzugsbereich einer Gemeinde, d. h. wenige Kilometer. Das Mikroklima selbst ist sehr wichtig. Über die Distanz eines Kilometers lässt sich unter Umständen ein Unterschied in der Durchschnittstemperatur von einem Grad feststellen, was beträchtlich ist (denken Sie an die 1,5 °C des Pariser Klimaschutzabkommens!). Im Garten gibt es jedoch einen viel kleineren und bedeutungsvolleren Maßstab, den des Nanoklimas. Hier spielt sich alles auf wenigen Zentimetern ab. Was in unserem Maßstab nicht erkennbar ist, kann auf der Ebene einer Pflanze große Unterschiede ausmachen.

Was ist eine Wärmeinsel?

Eine Wärmeinsel ist eine Zone, die im Vergleich zu ihrer Umgebung wärmer ist, was hauptsächlich auf menschliche Aktivitäten und Gebäude zurückzuführen ist. Das Phänomen wird besonders deutlich, wenn die bebaute Fläche mehr als 15 % einer Gesamtfläche ausmacht und wenn die Gebäude eine Höhe von 10 m überragen.

NUR EINEN STEINWURF ENTFERNT

Nehmen Sie z. B. eine Mauer, die in Ost-West-Richtung verläuft. Ihre Südseite wird im Winter leicht 5 °C mehr bieten als die Nordseite. Im Sommer wird die zusätzliche Wärme bis zu 15 °C betragen. Abends strahlt die Mauer etwas Wärme ab und verzögert die Abkühlung der Luft in der Nähe der Maueroberfläche für 1–2 Stunden. Auf der Schattenseite gehen bis zu 5 °C verloren, so dass die Gesamtbilanz gleich Null ist. Pflanzen entwickeln sich hier langsamer, sind aber weniger exponiert und benötigen daher weniger Wasser.
Ein weiteres, leicht erkennbares Nanoklima umgibt gemauerte Oberflächen wie Gehwegplatten. Wasser, das auf diese Oberflächen fällt, kann nicht eindringen, sondern läuft über den Rand und dringt dort in die Erde ein. Auf einem Streifen von etwa 10 cm Breite (in Lehmboden etwas mehr) erhält dieser Bereich mehr als das Doppelte der jährlichen Niederschlagsmenge, die im Garten beobachtet wird. Und die Pflanzen werden ihre Wurzeln unter die Platte schieben, um im Sommer die dort eingeschlossene Feuchtigkeit zu suchen. Ist Ihnen schon aufgefallen, dass die Vegetation entlang einer geschlossenen Platte immer üppiger blüht als anderswo?
Ein letztes Beispiel ist der Fuß einer kleinen Böschung von 50 cm Höhe. Dieser Streifen bietet eine etwas kühlere Erde als die Flanke, da

Ein großer Stein sorgt an dieser Stelle für Kühle, was diesen Farnen und einem Büschel Funkien gefällt.

das Regenwasser nach unten fließt. Wenn die Böschung nach Norden ausgerichtet und somit vor der Sommersonne geschützt ist, bietet sie gute Bedingungen für Pflanzen, die auf kühlen Böden wachsen, wie z. B. Farne.
Diese minimalen Abweichungen können bei bestimmten Kulturen durchaus einen Unterschied machen. Am Fuß der kleinen Böschung werden Pflanzen, die im Winter keine Feuchtigkeit mögen (z. B. Rosmarin), weniger gut gedeihen. Vor der Südseite des Mäuerchens können Pflanzen gedeihen, die normalerweise zu empfindlich für die Region sind, wie z. B. die Immergrüne Schmucklilie (Z9) in Südwestdeutschland. Auf diese Weise können die Bedingungen in sehr kleinen Maßstäben so stark variieren, dass es auf der Ebene einer Pflanze spürbar ist. In Wirklichkeit sind die Bedingungen in einem Garten die Summe von Dutzenden und manchmal sogar von noch mehr Nanoklima-Zonen.

NICHT ODER FAST NICHT NACHWEISBAR

Garten-Erfahrung hat uns gelehrt, diese Nanoklimata auf den ersten Blick zu erkennen und sie sogar (oft erfolgreich) zu erschaffen. Übungshalber stellen Sie Thermometer an nahe beieinander gelegenen Stellen auf und sehen Sie den Unterschied, indem Sie die Temperatur am Morgen, Mittag und Abend messen. Achten Sie auf die ersten Anzeichen von Durst, z. B. an den ersten warmen Tagen im späten Frühjahr: Kühlere Orte zeigen keine Anzeichen von Stress, während trockenere Orte die ersten sind, an denen die Pflanzen leiden, manchmal sogar kaum wahrnehmbar (Aufweichen der Blätter oder einfach eine Veränderung des Glanzes zu einem matteren Aussehen).

KAPITEL 6

KORRIGIERENDE EINGRIFFE UND IHRE EFFEKTE

Mit all den Informationen über die Indikatorpflanzen, die physischen Bedingungen, den Boden und die natürlichen Elemente haben Sie dem Garten schon die meisten Geheimnisse entlockt. Ein paar wird er noch weiter hüten. Aber in der Zwischenzeit können Sie bereits Maßnahmen ergreifen, um das Beste aus Ihrem Land zu machen und Fehler zu vermeiden. Das allein ist schon Geld wert!

Prioritäten festlegen

Nicht alles lässt sich mit der gleichen Geschwindigkeit erledigen und manche Dinge sind wichtiger als andere. Allerdings hängt alles von Ihren eigenen Entscheidungen ab und davon, was Sie auf Ihrem Grundstück anbauen möchten.

BLEIBEN SIE REALISTISCH

In erster Linie sollten Sie Ihre Erwartungen mit der Realität vor Ort vergleichen. Im Idealfall sollte der Standort Ihre Wahl bestimmen und nicht umgekehrt. Andernfalls müssen Sie auf Techniken zurückgreifen, um Ihre Kulturen künstlich zu erhalten, was hohe Kosten, Zeitaufwand und Enttäuschungen mit sich bringen wird. Einige Kombinationen sind unvereinbar: Gemüseanbau auf einem armen, sauren Boden und in schattiger Lage ist nicht möglich, oder Sie müssen sich auf einige wenige Kulturen beschränken und das sind nicht die beliebtesten. Eine Ansammlung von Farnen hingegen wird sich hier wahrscheinlich wohlfühlen. Eine Pfingstrosensammlung auf einem sehr flachgründigen und trockenen Boden bekommt ebenfalls ein Nein. Dieser Boden ist jedoch gut für **Schwertlilien** geeignet. Zusammengefasst lässt sich sagen, dass der Boden die Kulturen definiert und nicht der Wille des Gärtners.

BLEIBEN SIE AM BALL

Wenn Sie während Ihrer Diagnose die Vegetation und den Boden zu sich sprechen lassen, dann klönnen Sie die Zeichen der Natur wahrnehmen: hier eine offensichtlich kühlere Ecke, da eine arme Bodenader, die kein Wasser hält, und dort eine sonnigere und wärmere Ecke usw. Es gibt nur wenige Parzellen mit einheitlichen Bedingungen, abgesehen von offenen Feldern, die allen Winden ausgesetzt sind (aber selbst dort kann es überraschende Unterschiede geben). Zur Anlage eines Ziergartens sind diese Variationen ein Glücksfall, denn sie ermöglichen es, verschiedene Szenen und Stimmungen zu schaffen, indem Sie einfach der Natur folgen. In einer feuchten Senke wäre ein zeitweiliger Teich perfekt. In der heißesten Ecke wäre eine mediterrane Szene besser als anderswo im Garten. Dort, wo der nährstoffreichste Boden ist und die Sonne scheint, muss der Gemüsegarten angelegt werden. Die Römer nannten dies den „Genius loci" (Geist des Ortes) und die Übung kann richtig Spaß machen.

Wenn Sie eine Diagnose aus wirtschaftlichen Gründen durchführen, z. B. für den Gemüse- oder Obstanbau, dann muss die Romantik leider dem Pragmatismus weichen. Die Variationen werden Ihnen sagen, dass Sie hier und da mit weniger produktiven oder problematischeren Abschnitten rechnen müssen. Man kann die Unterschiede gut bei Parzellen mit Obstbäumen beobachten. Eine Anpassung der Pflanzung (z. B. durch die Verwendung verschiedener Sorten) oder der Technik (z. B. durch Schnitt) kann Ihnen Enttäuschungen ersparen.

Die Rote Lichtnelke weist auf einen reifen, ziemlich nährstoffreichen Boden mit Kieselsäure hin.

Das Veilchen verrät vor allem die Anwesenheit von Ameisen, die die Samen transportieren.

ZUERST IN BETRACHT ZIEHEN

Erste Vorhaben sind natürlich die Maßnahmen zur Korrektur der größten Probleme (siehe nächste Seiten), oder zumindest der hartnäckigsten. Ungünstige Parameter lassen sich dabei aber in der Regel nur langfristig korrigieren. In den ersten Jahren können die Ergebnisse enttäuschend sein, da sie nicht Ihren Erwartungen entsprechen. Dies ist völlig normal.

LANGFRISTIGE PLANUNG

Die Maßnahmen zur Behebung der problematischen Parameter müssen längere Zeit fortgesetzt werden, aber vor allem sollte die Situation verbessert und verfeinert werden. Ein Garten (oder eine Produktion) entwickelt sich nicht linear. In der ersten Zeit ist es gewöhnlich kompliziert und ab einem bestimmten Punkt werden die Dinge viel einfacher, da die Bedingungen den Wendepunkt erreicht haben. Alles ist quasi über den Berg. Die ursprünglichen Anpflanzungen sind gewachsen und haben günstigere Bedingungen geschaffen, der Boden hat sich verbessert, Wasser ist weniger problematisch und so weiter. Da die Diagnose eines Grundstücks jedoch kontinuierlich fortgeführt werden muss, dürften Sie gesehen haben, wie sich die Flora verändert hat und neue Pflanzen hinzugekommen sind, die vorher nicht vorhanden waren. Sie zeigen Ihnen den Kurs, den der Garten nun nimmt, und Sie müssen entweder die Maßnahmen verstärken oder Korrekturen in Betracht ziehen.

Erste Maßnahmen

Die vorrangigen Maßnahmen sind diejenigen, die den Boden kultivierbar machen oder zumindest die sehr problematischen Parameter korrigieren.

Durch das Ausheben eines Dränagegrabens wird die Bepflanzung weniger leiden.

STAUNASSE ERDE

In staunasser Erde, wo Großes Flohkraut (S. 38) oder das Kleinblütige Weidenröschen (S. 54) gedeihen, herrscht Sauerstoffmangel. Hier müssen Sie die Dränage verbessern, indem Sie einen Graben ausheben oder besser einen Teich anlegen, der das Wasser im Winter auffängt. Auf staunasser Erde können Sie aber auch die Anpflanzung von Hecken in Betracht ziehen, die dies tolerieren (s. a. Kasten S. 113). Man kann auch den Anteil an organischen Stoffen erhöhen, was lehmige Böden auf natürliche Weise lockert. Dies ist ein langsamer Prozess, der mehrere Jahre dauert, aber für die Bepflanzung sehr vorteilhaft ist.

SEHR ARMER BODEN

Auf sehr armen Böden, wo z. B. der Huflattich eine Kolonie bilden kann (S. 56), sind die biologische Aktivität des Bodens und sein Gehalt an organischer Substanz wirklich eingeschränkt. Die Unfruchtbarkeit des Bodens, die auf Erdarbeiten (Aushub) mit Entfernung des Mutterbodens zurückzuführen sein kann, ist leicht an der spärlichen Vegetation zu erkennen, die mickrig wächst und aus Pionierpflanzen besteht. Die beste Lösung besteht darin, den Boden mit einer Schicht organischen Materials zu bedecken, um das Bodenleben anzuregen. Dazu kann man fast unbegrenzte Mengen in Betracht ziehen. 20 l/m² (frischer) Mist auf einer inaktiven Bodenschicht ist nicht zu viel. Der Boden muss vorher aufgelockert werden, um Krümel zu bilden und damit die Kontaktfläche zwischen dem Mist und dem Boden zu vergrößern.

KAMPF GEGEN DEN WIND

Auch in windigen Lagen oder bei erodierenden Böden muss schnellstmöglich gehandelt werden. Bekämpfen Sie Wind und Erosion mit einer einzigen Lösung: Pflanzen. In wirklich sehr problematischen Situationen ist es besser, erst einmal eine Notpflanzung mit schnell wachsenden Arten wie Weiden, Pappeln oder Nadelbäumen vorzunehmen, um diese dann einige Jahre später durch Zierpflanzen oder qualitativ hochwertigere Pflanzen zu ersetzen. Diese „Kamikaze-Pflanzungen“ werden auf Bodenniveau abgeschnitten, sobald die zweiten Pflanzungen erfolgt sind. Dies gilt vor allem in unmittelbarer Nähe zum Meer und in unbeständigem Gelände.

Geduld und Zeit...

... richten mehr aus als Kraft und Wut, heißt es in einer Fabel von La Fontaine (Der Löwe und die Maus). Dies gilt insbesondere dann, wenn eine sehr kritische Situation im Garten verändert werden muss. Es ist besser, langsam und sanft vorzugehen, als einen großen Eingriff vorzunehmen, der oft nicht von Dauer ist. Das Ausheben eines Grabens beispielsweise wirkt schnell (innerhalb weniger Tage), aber nicht unbedingt nachhaltig, da der Graben sich wieder füllt und gepflegt werden muss. Das Anlegen einer Hecke saugt das Wasser herauf und leitet überschüssiges Wasser entlang der Pflanzlinie. Ein Teich verlandet nicht, wenn die Ränder mit einer dekorativen Vegetation bepflanzt werden, die sich selbst helfen kann.

Langfristig planen

Nach den Notfällen in den ersten Monaten oder Jahren können Sie feinere Maßnahmen planen, um die Erde fruchtbarer und den Garten widerstandsfähiger zu machen. Eine aufmerksame Beobachtung der spontanen, von selbst auflaufenden Vegetation wird Ihnen die Richtung vorgeben.

NEUANKÖMMLINGE

Grob gesagt gibt es zwei Möglichkeiten, wie sich die spontane, wilde Vegetation in Abhängigkeit von Ihren Maßnahmen verändert. Zunächst kommt es zu einem Ausgleich bei den vorhandenen Arten. Einige Arten verlieren an Boden zugunsten anderer. Wenn Sie große Pflanzen setzen, werden Schattenpflanzen wie die Zaunrübe (S. 56) oder die Waldrebe (S. 54) begünstigt, aber auch diejenigen, die im frühen Frühjahr blühen, wie das Scharbockskraut (S. 50). Oftmals sind diese Pflanzen bereits auf dem Grundstück oder in der näheren Umgebung vorhanden und gewinnen nur neue, für sie günstige Standorte hinzu. Zweitens kommen langsam neue Pflanzen hinzu, die vom Wind oder von Vögeln eingetragen werden. Sie zeugen von einer tiefgreifenden Veränderung der Bedingungen. Dies ist der Fall bei Farnen, Moos, Efeu usw. Achten Sie auf diese Entwicklungen und informieren Sie sich über die Vorlieben dieser Pflanzen. Normalerweise deuten sie auf einen Anstieg des Gehalts an organischer Substanz im Boden und eine Abnahme des bis zum Boden gelangenden Lichts hin, was beides nicht überraschend ist. Sie können aber auch auf eine Austrocknung des Bodens aufgrund der Konkurrenz durch Baumwurzeln hinweisen. Die Ansiedlung von Schöllkraut oder Knoblauchsrauke ist in diesem Sinne zu interpretieren.

FORTSCHREITENDE VERÄNDERUNGEN

Einige Faktoren verändern sich langsam. So nimmt das Vorhandensein von aktivem Kalk im Boden mit der Zeit immer mehr ab, da die Kalziumionen in die Tiefe ausgewaschen werden. In einem anfänglich sehr kalkhaltigen Boden ist diese Entwicklung daran zu erkennen, dass zunächst Moos auftritt (oft auch, weil der Schatten zunimmt) und dann Gräser gegenüber den großblättrigen Pflanzen zunehmen. Die Verdrängung des Kalks geht auch mit anderen Veränderungen einher, wie z. B. den Stickstoffverbindungen: Durch die Versauerung des Bodens infolge des Kalziumrückgangs werden andere Formen von Stickstoff (mehr Nitrit) gebunden, die von den Gräsern aufgenommen werden. Diese Entwicklung ist eventuell schwer zu erkennen, solange Pflanzen saurer Böden mit flacher Bewurzelung (Fingerhut) neben kalkliebenden Pflanzen mit tiefen Wurzeln (z. B. die Wiesen-Flockenblume, S. 38) stehen. Es ist daher wichtig, den Boden regelmäßig auch in der Tiefe zu untersuchen und seine Entwicklung zu verfolgen.

Das Auftreten von Orchideen ist ein Zeichen dafür, dass Pilze den Boden besiedeln.

Farne zeigen vor allem die Verlangsamung von Luftströmungen im Schatten an.

MEHR ODER WENIGER VERÄNDERLICHE PARAMETER

Es gibt Faktoren, die sich nicht ändern werden, wie die Textur des Bodens, insbesondere wenn er sandig oder sauer ist. Diese beiden Bedingungen können sich nicht ändern, es sei denn, es wird künstlich etwas hinzugefügt (Lehm bei sandigem Boden, Kalkung bei saurem Boden). Umgekehrt sollte man eine Situation nie als gegeben hinnehmen. Ein hoher Gehalt an organischen Stoffen mit einem dynamischen Bodenleben kann durchaus einem armen Boden weichen, wenn dieser unbedeckt bleibt und Erosion und Auswaschung ausgesetzt ist. Ein Stück Land, das durch Anpflanzungen vor dem Wind geschützt wurde, kann durch einen umstürzenden Baum, der im Dominoeffekt die Nachbarn mitreißt, wieder dem Wind ausgesetzt werden. Halten Sie also die Augen offen und identifizieren Sie mögliche Schwachstellen. Mit anderen Worten, führen Sie ständig Ihre Diagnose durch...

Ein Foto-Herbarium

Um die Entwicklung der wilden Flora im Garten besser zu verstehen, eignet sich am besten ein Herbarium in fotografischer Form. Fotografieren Sie beispielsweise die 10 häufigsten Pflanzen. Nach einigen Jahren können Sie dann vergleichen, ob sich die Rangfolge geändert hat oder nicht.

Verbesserung je nach Bodenart

Je nach Art des Bodens können Sie Maßnahmen in Betracht ziehen, die Ihnen helfen werden, das Beste aus ihrem Gartenboden zu machen. Jegliche Bodenverbesserung mit dem Ziel, die physikalischen Eigenschaften des Bodens zu verändern, ist aber ein langwieriges Unterfangen.

TONHALTIGE ERDE

Ton besteht aus schichtweise aufgebauten, plättchenartigen Tonmineralen. Zwischen den Schichten mancher Tonminerale werden Wasser und Nährstoffe eingelagert, gespeichert und wieder abgegeben. Zusammen mit Kalzium-Ionen können sich Huminstoffe und Tonminerale zu Ton-Humus-Komplexen verbinden, was besonders effektiv durch die Verdauung der Regenwürmer erfolgt. Der so verbesserte Ton ist poröser, leichter zu bearbeiten und die Pflanzen wachsen kräftiger. Aus diesem Grund sollten Sie nicht zögern, große Mengen an organischem, aber zersetztem Material wie perfekt reifen Kompost zuzuführen. Frischer Stallmist eignet sich auch, wirkt aber langsamer und hat auch seine Grenzen.

SCHLUFFHALTIGE ERDE

Hierbei kommt es vor allem darauf an, das Potenzial des Bodens und seine organische Substanz zu erhalten, da die Textur der überwiegend schluffhaltigen Böden ausgeglichen ist. Vor allem sollten Sie in Erwägung ziehen, den Boden zu mulchen, um ihn vor Auswaschung zu schützen und die biologische Aktivität maximal anzuregen. Letztere sorgt für eine natürliche Belüftung des Bodens in der Tiefe, ohne dass der Boden bearbeitet werden muss, wie es bei Permakultur gefordert wird. Diese Mulchschicht kann mehr oder weniger stark verrottet sein, da keine Gefahr besteht, dass sie den Boden in der Tiefe ersticken würde. Grober Schluff, der dem Sand ähnlicher ist, benötigt die gleiche Bodenverbesserung wie Sand.

SANDIGER BODEN

Zwei Ziele müssen gleichzeitig verfolgt werden. Sie müssen den Boden verbessern, um ihn zu schützen und gleichzeitig versuchen, seine Mängel auszugleichen. Das erste Ziel ist der Schutz des Bodens, sowohl vor Auswaschung, die dem Sand seine wenigen Nährstoffe entzieht, als auch vor der stets schnell erfolgenden Austrocknung. Einzige Lösung für das Problem sind Mulchen und die Verwendung von üppig dichten Bodendeckern. Bei sandigem Boden muss der Mulch regelmäßig und mehrmals im Jahr eingebracht werden, damit die Erdoberfläche nie offen liegt. Dazu gibt es eine große Auswahl an guten Bodendeckern: Klee, mehrjähriger Storchschnabel usw. Ein weiteres Ziel ist es, die Rückhaltefähigkeit der Erde so weit

Reifer Kompost lockert tonige Böden auf natürliche Weise auf. Verwenden Sie ihn reichlich.

Getrocknetes Falllaub sorgt für organisches Material, das jedoch erst nach einiger Zeit seine Wirkung entfaltet.

wie möglich zu verbessern. Eine radikale Lösung wäre das Untermischen von Tonmineralien mit hoher Speicherkapazität wie Montmorillonit (Bentonit). Dies ist eine mehr oder weniger natürliche Lösung, die nur lokal auf kleiner Fläche wirkt. Außerdem verhindert sie nicht, dass die Tone ihrerseits ausgewaschen werden. Im schlimmsten Fall kann der Ton sogar in die Tiefe gezogen werden, wo er eine unterirdische Kruste bildet. Nur die Zufuhr von organischen Stoffen in großen Mengen kann die Rückhaltekapazität an der Oberfläche erhöhen. Man benötigt dazu eher „fettes" organisches Material wie Mist statt vollständig zersetzten Kompost, aber vor allem muss man eine dichte Vegetation fördern, die ihrerseits einen Pool an organischem Material aufrechterhält.

BILDNACHWEIS

Alle Fotografien stammen von Jean Michel Groult, mit Ausnahme von:
Adobe Stock: Seiten 19 (u), 32-33, 35 (m li), 43 (u re), 45 (u re), 51 (u re), 53 (u li, m re, u re), 55 (o re), 59 (u li), 69, 73 (o li), 80, 81, 87 (o re), 97 (u re), 99, 100, 104, 105, 120, Umschlag und Klappen (ohne Autorenfoto und Wolfsmilch).
Bios photos: Seite 37 (o re). **Bilder unter Creative Commons Lizenz**: Seiten 35 (u re), 39 (Detail o li), 41 (o re, u re), 43 (o li), 45 (o li), 49 (Detail m li, o li), 55 (o li, u re), 57 (u re), 95.

IMPRESSUM

Anmerkung zur Schreibweise (Gendering): Gendergerechtigkeit und Inklusion sind bei uns gelebte Praxis – bei der Auswahl unserer Themen, bei der Recherchearbeit, in der Gestaltung. Unsere Texte meinen alle. Damit unsere Inhalte jedoch gut lesbar bleiben, verzichten wir in diesem Werk auf die jeweilige Mehrfachnennung oder Anpassung der Schreibweise bestimmter Bezeichnungen an die weibliche, männliche oder diverse Form.

Bibliografische Information der Deutschen Nationalbibliothek

Die Deutsche Nationalbibliothek verzeichnet diese Publikation in der Deutschen Nationalbibliografie; detaillierte bibliografische Daten sind im Internet über http://dnb.d-nb.de abrufbar.

MIX
Papier | Fördert gute Waldnutzung
FSC® C110508

Die französische Originalausgabe erschien unter dem Titel Jean-Michel Groult, Les plantes bio-indicatrices et autres indicateurs pour comprendre son jardin.

Wollgrasweg 41, 70599 Stuttgart (Hohenheim)
E-Mail: info@ulmer.de; Internet: www.ulmer.de
Projektleitung: Saskia Hoen
Übersetzung: Sabine Hesemann
Lektorat: Sabine Drobik
Herstellung und Umschlaggestaltung:
Verlag Eugen Ulmer
Satz: red.sign, Stuttgart
Reproduktion: time:ray
Druck und Bindung: Westermann Druck Zwickau GmbH, Zwickau
Printed in Germany

ISBN 978-3-8186-2706-5